设计你的家
就是设计生活

THE PHILOSOPHY OF HOME & LIFE

〔日〕佐川旭 著

邹艳苗 译

南海出版公司

新经典文化股份有限公司
www.readinglife.com
出　品

写给准备打造幸福小窝的朋友

我们怀着爱恋，与家一起成长

一般来说，选择独栋住宅的房主平均年龄在 40 岁上下。不惑之年置办房产，孩子长大成人等家庭形态的变化是主要原因。根据日本人的平均寿命，可使用寿命在 40 ~ 50 年之间的住宅比较受欢迎。除了房子自身的耐用性，能否灵活地适应家庭的居住需求、日后房间的用途和格局是否方便调整也是重要的考虑因素。此外，为了让房子更经久耐用，还要考虑用什么样的建筑材料。如果选用考究的高级材料，随着时间的流逝，房子会逐渐呈现出一种岁月的美感。住在其中的人或许会渐渐地感觉到这房子在和自己一起呼吸。

在日本传统建筑文化中，有很多让房子更加经久耐用的智慧和技术。无论在古代还是现代，人们对于舒适住宅的追求从未改变。将先人积累下来的建房智慧应用到今天的住宅中，符合大众的诉求。

做好击球 1000 次的心理准备

在棒球比赛中，棒球手用球棒击中投手投来的球，并迅速跑回到本垒，这一整套的动作为 1 击。所谓的击球 1000 次，是指为了这 1 击，棒球手需要反复练习，非常辛苦。

住宅装修与之有相似之处。在你的房子装修好之前，设计者会问你七八百个问题，你必须认真考虑每一个问题并作出选择，简直就是一场头脑风暴。

就算是夫妻，两个人的观念也未必完全一致。而装修会将两个人的观念差异无限放大。因此，借这个机会，两个人充分交流一下彼此对未来生活的设想，就显得尤为重要。在此之前，首先要明确自己想要的是什么，只有这样，才能判断哪些是可以舍弃的，哪些是自己珍视且想要长久拥有的。

装修房子的过程，也是思考人生的过程

如今，人们身处信息泛滥的社会，常会被各种信息迷惑、干扰。有时候知道得太多，反而可能很难抵达自己原本追求的目标。装修房子时，也会遇到这样的困境，选择太多了，反而容易困惑、迷失。当你不知所措时，不如停下来，整理思绪，认真思考一下自己最初想要的是什么。这时，如果本书能为你提供一些参考，笔者将不胜荣幸。

佐川 旭

目　录

01

生存、生活、拥有一个家
每个人都想拥有一个没有遗憾的家

舒适的家有章可循

住得舒服是有理由的

家就像一个适合居住的大盒子

如何打造永远喜爱的家

住宅设计中的
特殊要求

04

权衡个中利弊

生存、生活、拥有一个家

每个人都想拥有一个没有遗憾的家

从 "家是什么" 出发

家是一艘为你量身打造的船，
能让你的人生顺利航行。

从事建筑设计工作，我经常有机会待在拆房现场。一般而言，一栋两层的木造房子只需一周左右，就可以被轻松地夷为平地。每每此时，我都会忍不住想："家，对我们来说到底意味着什么？"

深爱大自然的作家海明威先生曾在作品中写道："家既是家，也是一艘船。"如果把人生比作航海，那么家就是航行在时间之海上的船只。我们该让这艘船驶向何方呢？

在海上航行，有时晴空万里，有时也会遭遇暴风雨。我们的家也会遇到自然与文明的挑战。要抵挡险酷的风暴，就要拥有一艘足够坚挺的船。船太小的话，航行起来没有安全感，但若大得如同军舰一般，又难以驾驭。所以，一艘既能让家人舒服自在，又便于驾驶的"船"，才是最理想的。

家还可以比喻为……

当你打算买房子时，你会想到什么呢？

与爱人共筑爱巢

家是两个相爱的人一起甜蜜生活的地方，就像鸟儿用树枝一点点搭建起来的巢。

我的城堡我的国

现代社会中，人们常常这样形容私人住宅。

"虽然狭小，却其乐融融"

出自 1920 年日本歌曲《我的蓝天》的歌词。每当家人团聚或踏着夕阳归来时，就会忍不住哼起这首歌。

追本溯源，家最初的作用是什么？

保护家人，带来安全感，大家想当然地认为这就是家的意义。当我们准备设计自己的家时，不妨重新审视一下家最初的意义。

组成街道
成为社区和街道景观的一部分。

抵御自然灾害
保护家人的生命、生活及财产安全。

家族的延续和成长
养育下一代，实现自我的价值和成长。

构建日常生活
打造舒适的生活环境，满足日常生活需求。

家不是选出来的，而是创造出来的

家应该是什么样子，没有标准答案，需要我们将自己想象的画面变成现实。如果像买车一样，只能从现有的款式中选择，未免太无趣了。在家中尽情展现你的个性、审美、喜好，你的家就是世界上独一无二的。

对外观有追求

想要人字形屋顶……

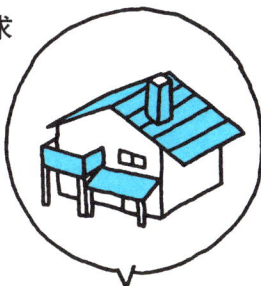

用创意和巧思展现个人风格

将花木移植到室内，打造出极具个性的空间。

打造有美感的空间

室内要有带窗棂的壁龛，室外有竹林就好了……

沉淀岁月之美

采用越用越有质感的材料……

要有亲手打造的感觉

与成品房相比，自己亲手参与打造的家更有温度。

量身打造一个家，
尽情实现你的构想吧！

打造理想的家，从了解自己开始

就像练习接球一样，
对手其实是自己。

"什么样的家是最理想的？"对于这个问题，有具体设想的人并不多。然而，如果没有明确的设想，最终你的家会变得千篇一律，乏善可陈，难以满足自己的需求。

打造自己的家，首先需要回答几个关于人生的问题。我们到底有多了解自己呢？如果让你用 20 个词语描述自己，是不是很难？提出问题，然后才能找到答案。

你会发现，把内心深处的追求投射到自己的家里，会让日常生活变得丰富多彩，家人的内心也会变得更加充实，这样的家才能让我们眷恋一生。

无论流行怎样的设计风格，只要你用心设计，家就可以经受岁月的洗礼，成为家人美好的记忆。

先问问自己

我是什么样的人？

比如……

1. 我的优点是什么？
2. 我的缺点是什么？
3. 我喜欢的名言？
4. 我喜欢的颜色？
5. 我喜欢的国家？

试着列出10条吧！

1.

2.

3.

4.

5.

6.

7.

8.

9.

10.

人生满意度

满意

[A]
住在乡下的父母身体健康，
人缘很好。

人生

[B]
夫妻双方一边工作，一边育儿，
每天都很充实。

家庭情况

差

好

阅历

不满意

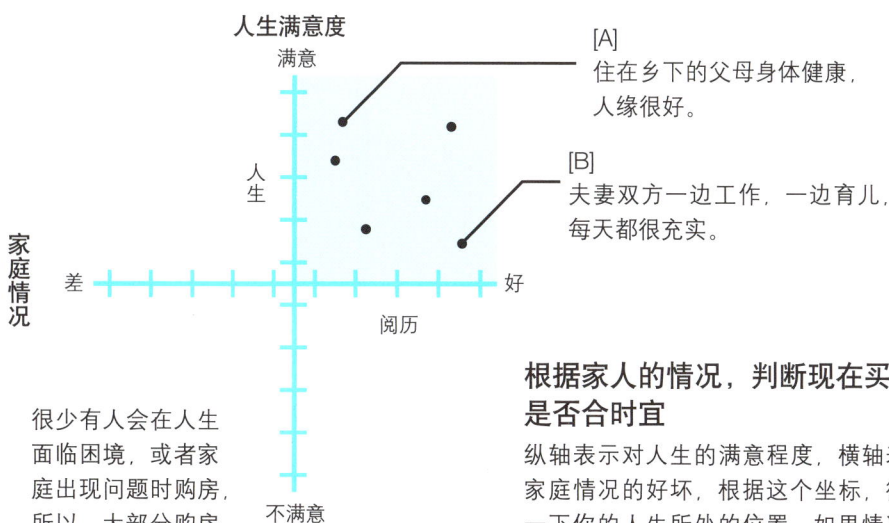

很少有人会在人生面临困境，或者家庭出现问题时购房，所以，大部分购房者都处于右上区域。

根据家人的情况，判断现在买房是否合时宜

纵轴表示对人生的满意程度，横轴表示家庭情况的好坏，根据这个坐标，衡量一下你的人生所处的位置。如果情况总体良好，满意度较高的话，可以考虑买房。

从回忆中寻找新房装修的灵感

如果你不知道自己内心最期望的住宅是什么样子，不妨从过去的经历中寻找答案。"以前去过的那个地方，真是太喜欢了。"记忆中那些让你难以忘怀的地方，也许会帮你找到答案。

● 小时候，与家人在一起时有哪些美好的回忆？

- -

● 小时候，你最喜欢家里的哪个空间？

- -

● 成年之后，你最喜欢待在家里的哪个空间？

- -

● 你觉得糟糕的空间是什么样的？

- -

● 最让你觉得舒适安心的地方是哪里？

- -

"我喜欢和家人一起烧烤。"
➡ 要有类似露台的空间。

"待在衣橱里让我有一种特别的安全感。"
➡ 不妨给自己营造一个小小的独处空间。

畅想未来的生活，
或许会知道理想的家是什么样子

从"想做的事"或"时间点"等角度，想象一下未来的生活，也许就能明白自己到底需要怎样的生活空间。

● 你认为家里的用品一定要选最好的?

- -

● 一天里你在什么时间比较放松?

- -

● 你认为家里的哪个部分最重要?

- -

● 回到家后，最想做的事情是什么?

- -

● 你的新家最想置办的家具是什么?

- -

喜欢在开放式厨房，一边做饭一边和家人聊天。

晴朗的天气，喜欢和家人一起晒晒太阳。

对自己的家满意度高的人，
通常对自己有充分的了解。

可共享与不可共享的空间

共处时安心，
独处时充实。

　　"我希望在家可以时刻感受到家人的关心和爱"，经常有客户对我提出这样的要求，但如果家人一直围着你嘘寒问暖，想必你会觉得很不自在。再和睦的家庭，也需要保持一定的距离感。

　　住在同一个屋檐下，有些是可以分享的，有些是不便分享的。比如，用餐、聊天等可以分享，而睡觉、个人爱好等是"各自为政"的。让我们有归属感和安全感的生活空间，不仅要有舒适的家居设施，还要有让每个人都可以做真实的自己的放松感。

　　很多人认为，家就是与家人共处的空间，其实，保护个人隐私的空间也非常重要。比如，为自己的房间选择喜欢的家具，按照自己的审美装饰小天地……这样的空间才能真正包容你的存在，让你全身心放松。重视个人空间的家，才能让每一个家庭成员都备感充实，在此基础上的共处，才更加和谐、融洽。

我们不必时时刻刻在一起

与家人共处的空间固然重要，一个人回归自我的空间同样不可忽视。应该如何处理两者的关系呢？这取决于每个家庭的实际情况。

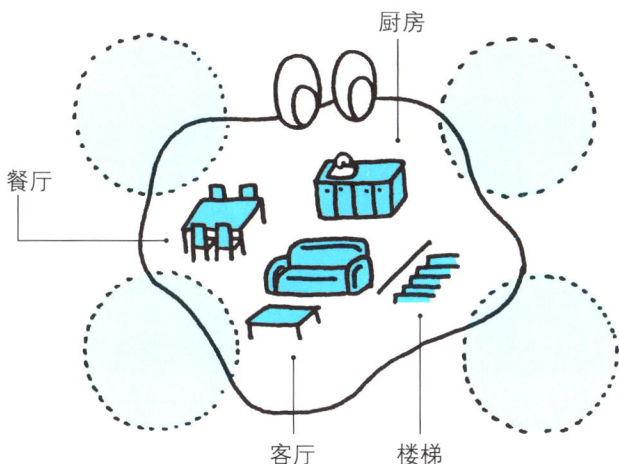

厨房

餐厅

客厅　楼梯

可共享的空间

共享空间主要有客厅、餐厅、楼梯、玄关以及厨房等用水区，是户型设计的关键。

不可共享的空间

什么样的空间不适合与人共享？反映每个人的个性、相对独立的空间。以书房为例，如果想保证独处的空间，就应该离家人共处的空间远一些，设计成封闭式。如果想与家人适度互动，可以采用半封闭设计，并与共享空间相邻。

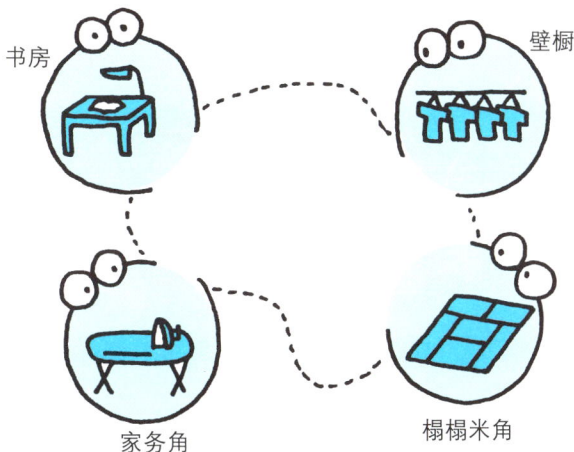

书房　　　壁橱

家务角　　榻榻米角

试着分析一下可共享空间
与不可共享的空间吧！

11

打造能够应对家庭变化的住宅

为孩子准备的房间，
总有一天会空出来。

辛辛苦苦买的房子，当然希望能和家人一起舒心、长久地住下去，这也是我们花费心血打造自己的家的原动力。然而，随着时间的流逝，房子难免会有让你觉得不如意的地方，或者出现破损，住起来没那么顺心了。加上网络普及、IT 技术日益发达，整个社会环境不断变化，我们的家也需要与时俱进。

其中，最显著的是生活方式的变化。比如，孩子年幼时，母亲会选择做全职主妇，孩子长大后，夫妻双方都会工作，如何准备一日三餐、分配家务，适时改善门窗的防盗性能……这些都需要解决。此外，当初买房时打算只要一个孩子，后来可能又生了第二个；将来双亲老了，可能需要接过来一起生活。

人生不可预测，计划永远赶不上变化。让人去适应房子，无疑是削足适履。让房子随着生活的需要，在一定范围内可以自由调整布局，这才是可以长久居住的理想住宅的关键。

家庭情况每隔 5 年就会发生变化

孩子在长大，夫妻双方的年龄在增长。与此同时，家里的物品也在不断增减。此外，除了有形的物品，家人之间的沟通、时间的安排等也在改变。将这些罗列出来，你会发现哪些是一开始就要考虑的，哪些是可以根据居住情况慢慢考虑的。

哪些东西容易增减

（容易增加的）

- 回忆、纪念品
- 衣物
- 与爱好相关的物品
- 家庭成员等

（容易减少的）

- 与孩子相处的时间
- 自己的时间
- 孩子的物品
- 夫妻之间的交流等

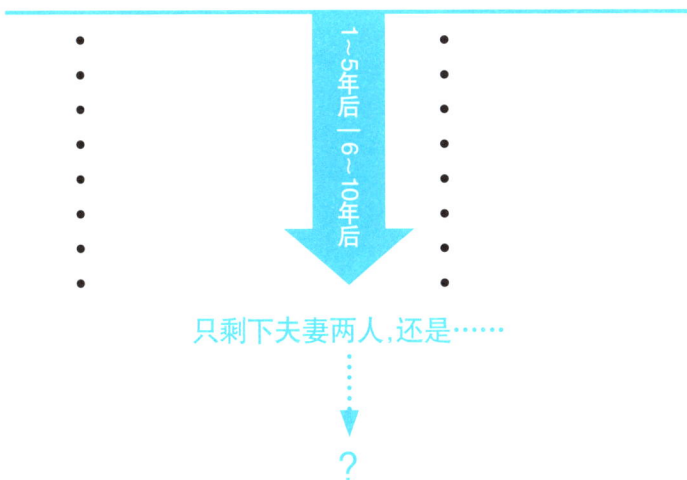

1～5年后｜6～10年后

只剩下夫妻两人，还是……

？

适应家庭变化的格局设计

设计一些可拆除墙壁，日后便可以灵活地调整格局。不过，决定住宅抗震性的承重墙不能随便拆除。弄清楚哪些墙壁不会影响住宅的强度，对日后调整格局非常有用。

客厅与和室之间

拆掉客厅与和室之间的一部分墙壁，可以缩短动线。

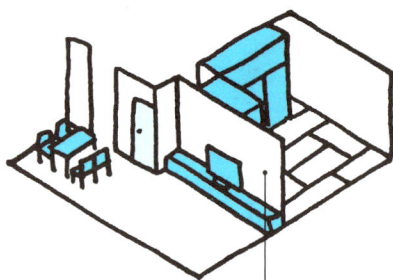

客厅与和室之间的墙壁。

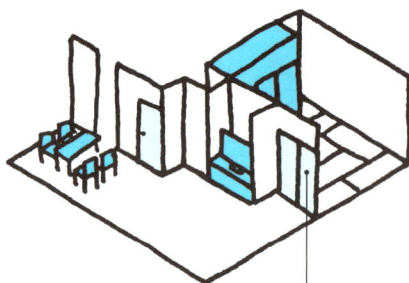

增加一扇门后，从客厅进入和室就更方便了。

洗漱台与厕所

如果洗漱台与厕所之间的墙壁是可拆的，将来照顾老人时，就有足够的活动空间。

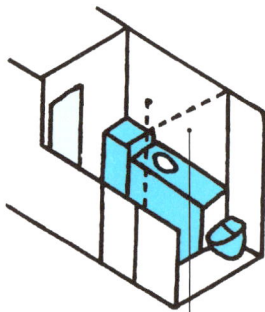

很多住宅的洗漱台与厕所是分开的。

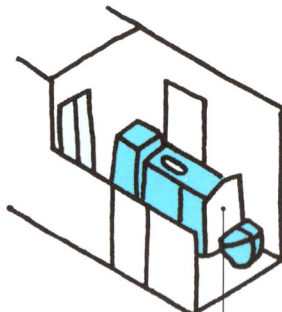

可以设计一面半高墙。

为将来只有夫妻两人的生活
预先设计一些乐趣

20 年后，孩子们都搬出去住了，就剩下夫妻俩在房子里相伴到老。如果预想到这一点，培养更多的爱好，也许对晚年生活的不安就变成了期待。

"退休之后，想开辟一片家庭菜园"

在阳光充足的位置，规划出一片空地。

"如果有富余的空间，想安装一个暖炉"

先想好暖炉的位置再设计格局，后续安装烟囱时会很方便。

"想在家里开设兴趣教室"

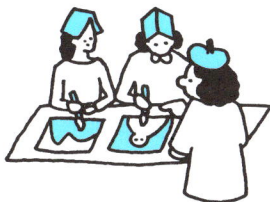

考虑到客厅可能变成教室，不妨让客厅离玄关近一些。为了缓解人多造成的逼仄感，天花板要设计得高一些。

"想要一个可以安静地读书、上网的书房"

将孩子房间的书柜、书桌等加以改装，即可用作书房。阁楼可以用来收纳有趣的个人藏品，或者作为夫妻午休的场所。

能灵活应对家庭不同阶段的需要，
就是理想的住宅。

找回"共同体的感觉"

我们决定在这里
生活啦！

以前，日本的住宅都是左邻右舍齐心协力、一砖一瓦盖起来的。第二次世界大战后，涌现出一大批建筑公司，预制组装式房屋开始出现，住宅走向商业化，很多人从未见过为自己建造房子的工匠。加之地方人口纷纷涌向大城市，曾经的地缘观念越来越淡薄，地区居民相互支持的共同体感觉也在日渐消失。

选择一个地方建立自己的家园，意味着成为这里的一员，要为这方水土承担起一定的责任。通过安家的过程，我们能否找回昔日与当地融为一体的感觉呢？

选用附近出产的建材，这样就为当地经济贡献了一份力量。举办乔迁喜宴，借此机会与邻里相互认识，构建人脉。人脉越广，就越能团结邻里，为地区的发展出力。

因此，住宅在伴随家人成长的同时，也让你成为地区共同体的一员。

成为社区建设的一分子

现代社会，人们大多疏于维护邻里关系，可一旦突发灾难，个人命运与所在地区是紧密相连的。因此，不妨以买房为契机，让自己成为一名热心居民，和大家一起努力，把社区建设得更加美好。

联结你的家与这片土地

当你在房前屋后栽种绿植，并使它们与周围的街景相融时，邻居们也可以欣赏美丽的绿景。

栽种果树的话，可以和邻居们分享水果，增进邻里感情。

选用附近出产的木材，可以促进当地林业发展，激发山林活力，为保护生态做贡献。

邀请邻居们参加上栋式（上梁仪式），撒糕饼营造热闹的氛围。

在一个地方购置了房产，
你就成了这里的一分子。

建一栋让人五感舒适的房子

令五感舒适的家，才让人有回去的渴望。

建一栋房子，需要方方面面的考量和多元化的视角，我认为其中最重要的一个指标，是要能让人五感舒适。

近年来，出于便利性考虑，住宅设计倾向于使用质感光滑的人造材料，导致住户的舒适感大大降低。能带来优质感官体验的住宅，就像一件舒适的衣服，让人迫切地想要投入它的怀抱。

五感中，捕捉信息最多的要数视觉。听觉、嗅觉获取的信息虽然比视觉少很多，却能让人产生美好的联想，留在记忆深处。比如榻榻米散发的草香，妈妈在厨房做饭时的声响……

触感也是影响住宅舒适度的重要因素。比如原木地板，尤其是针叶木地板，触感柔软，光着脚走在上面备感舒适；还有每天多次触摸的门把手、楼梯扶手，靠起来很有质感的墙壁等，每当双手触及它们，就会不由地发出"真舒服啊"的感叹，这样的住宅才能带来高品质的生活。

人的感受很重要

入住一栋房子，我们的五感会下意识地启动。只要我们肯下功夫，消除令人不快的因素，留下愉快的感受，就能打造出舒适的生活空间。

视觉

● 判断空间大小➡根据用途，灵活地打造空间。
● 考虑光线效果，规划好采光与照明。

听觉

● 近距离感受风声、雨声等大自然的声音。
● 将日常生活杂音控制在低于噪音的程度。

嗅觉

● 确保良好的通风，让家中的气味能及时消散。
● 享受原木的清香、榻榻米的草香等天然材料的香气。

味觉

● 品尝菜肴➡打造能愉快烹饪的厨房。
● 餐厅要能聚集人气，有团聚感。

触觉

● 接触门窗➡门把手、抽屉把手要选用触感良好的优质材料。
● 躺在地板上➡选择稍微柔软、触感好的地板。

能为五感带来舒适体验的住宅，
住起来让人身心愉悦。

怀着感恩之心建造房子

怀有好施之心的人，
被称为"施主①"。

你知道建一栋房子涉及多少个行业、需要多少人付出努力吗？如果没有众人的协助，我们的家是无法建成的。此外，建房用地虽然由房主出资购买，但这并不意味着房主可以凭想象随意建造。

选定一片土地安家，除了要与邻为善，还要怀着与大自然和谐相处的敬畏之心，对可以在这里安家生活心存感恩，这样一来，房子建好后才能拥有良好、稳定的居住环境。

建房期间举行的"地镇祭"（动土典礼）和"上栋式"，是为了表达对这一方土地神的敬意，感谢他们允许你在这里建造自己的家园。伴随这些仪式，在这里生活的社会责任感也会油然而生。此外，房主邀请工匠们一起参加上栋式，则是慰劳工匠、表达谢意的机会，工匠们也会尽心尽力，实现自己的价值。近年来，这样的传统仪式常常被人们省略，我衷心地希望这种文化不要失传。

①在日本，建筑委托人也叫施主，此处作者取其"施惠"之意，劝告房主要体谅他人。

无论古今，人与人相互联结才能打造一个家

在依靠街坊四邻一起盖房子的年代，人们自然而然地怀着相互扶持和感恩的心情。如今，花钱买房成为人们普遍的选择，"施主 = 客户"的意识让彼此的信赖和感恩变得淡薄，甚至容易产生不满。

大家齐心协力，为茅屋顶换新草

以前，盖房子靠左邻右舍一起出力。哪家需要修缮屋顶了，都靠邻居们来帮忙。

银行

房地产公司

建筑师

建筑施工公司

工匠

建房子要和多方人士打交道

从房地产公司选地、买地，向金融机构贷款，委托建筑师设计，再由施工公司负责施工……现代人建房子，要和各行各业的人打交道。在信息爆炸的网络时代，人们常常感到迷茫、容易产生不满，或许应该回到原点，相互之间多一份感恩和宽容，这样才能建造出让人满意的房子。

21

通过举行仪式保持一颗谦逊的心

地镇祭是向土地之神请求动土许可、祈求施工安全的仪式。房屋主体框架建成后，人们举行上栋式，祈求房屋永固、家人平安。今天，很多人省略了这两种仪式，其实举行仪式是为了让自己做好心理准备，也是与施工方交流的好机会。

"地镇祭"表达了人们对土地之神的敬意

一般采用神道教的仪式，也有佛教和基督教的仪式。

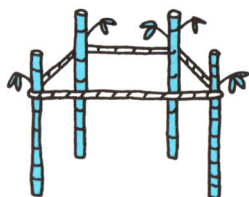

①用"齐竹"圈出神的空间

为防止不洁之物侵入，在祭场四角各插一根青竹，用麻绳相连，绳上垂以白纸。

②摆上供品

取米、盐、海鲜、山珍、农作物各 3 种，与供酒一起摆放。

③净化四方

将供酒、米、盐、白纸撒在土地的中央和四周。

④用铁锹动土

建筑师用镰刀，房主用铁锹，施工者用锄头，依次对着一个小沙堆各铲 3 次。

⑤埋下镇宅之物

为了镇住土地神，将装有人像、矛、盾、刀、镜子等道具的盒子埋入土中。

"上栋式"祈求顺利竣工，感谢所有施工人员

上栋式中，人们会把糕饼、零钱、海带、鱿鱼干、萝卜等洒向四方，以表对天地神灵的敬谢。其中，萝卜因为有败火的功效，引申出"房子不会着火"的寓意。仪式结束后，参加者会举行一场"直会"，享用供品，房主和工匠们可以借此机会交流一番。

不要忘记感谢工匠们

购买成品房或者工厂批量生产的组装式住宅，很难感受到工匠的存在。但如果委托当地的施工队，双方可以面对面直接沟通。有了深入的交流，才能充分了解彼此的意图，推动施工顺利进行。

在现代，建造住宅时很难见到工匠

使用进口木材或层积材。

材料用机器切割。

上栋式被很多家庭省略。

房子就像流水线生产出来的商品一样。

彼此熟识、相互信赖，是融入当地的基础

大量使用本地木材。

委托当地木匠加工。

举行上栋式。

建筑师、施工人员、房主之间形成良好的信赖关系。

对大自然、土地、近邻、工匠怀有感恩之心，
才能建成一栋好房子。

格局设计是第一步

缘起或许只是一句
不经意的话。

　　设计格局的时候，需要了解建筑面积、土地状况、居住者的基本情况与禁忌，以及建筑规范等。如果只是简单地设计成几室几厅，就变成居住者去适应房子了。

　　每个人都有不同的性格，每个家庭也有自己的生活方式和价值观。考虑房子格局的时候，为了凸显自己的喜好与个性，不妨试着描述出理想住宅的样子，也许只言片语就能成为你家格局设计的灵感来源。

　　比如，"喜欢绿色"，就可以把客厅设计成便于出入庭院、欣赏风景的格局。"喜欢和朋友聚会"，不妨把餐厅或客厅设计得宽敞一些。如果"家人都很喜欢美食"，建议以厨房或餐厅为中心。这样一来，户型设计是不是变得更加具体了呢？

从你的想象出发构思格局

试着将你心目中理想的住宅描述给建筑师听听。这将成为整体格局的一块重要拼图。

安宁

- 一个让人心里踏实的空间。
- 让人想待在家里。
- 光线不要太亮。

热闹

- 打造便于家人和亲友聚会的空间。
- 有很多座椅。
- 厨房可以供多人同时使用。

闲适

- 有可以悠闲地眺望院子的地方。
- 卧室非常舒适。

有趣

- 加入能为日常生活增添乐趣的元素。
- 有可以展示自己爱好的地方。

将你心中完美住宅的样子
描述出来很重要。

舒适的家有章可循

从日本传统民居中汲取智慧

无论时代如何变迁，重要的东西从未改变。

　　近年来，人们开始重新审视日本的传统民居。这些老宅就近取材，由本地工匠建成，房屋构造非常适合当地的风土。之所以能再次吸引人们的目光，或许是因为它们体现了当地的文化特色，采用了因地制宜的建造方法，有许多值得现代人学习的地方吧。

　　这些民居通常设有土间（没有铺设地板，用三合土铺地）、外檐廊、内檐廊等，介于室内与室外之间，可以灵活地满足各个季节的生活需要。此外，以推拉门为代表的室内门，可以灵活应对各地不同的雨水、湿气、风向等气候因素对日常生活的影响。虽然没有现代住宅隔热性好、密封性佳，也没有现代化的家电，但融入了人们的生活智慧，给人以舒适的居住体验。

　　今天，这些智慧不仅没有过时，反而给了我们新的启发，为现代住宅带来了新的设计灵感。让我们一起从传统民居中挖掘这些宝藏吧！

日本传统民居的特征

基本由三大空间组成

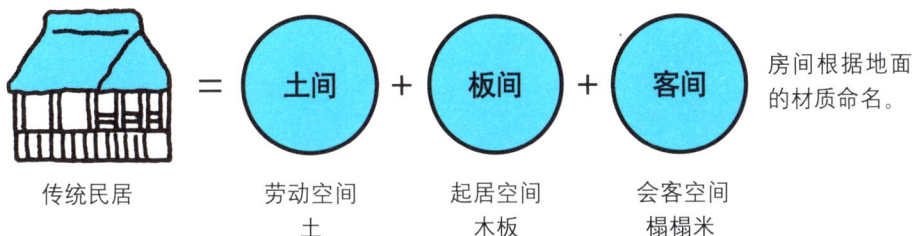

传统民居 = **土间** + **板间** + **客间**　房间根据地面的材质命名。

传统民居

劳动空间
土

起居空间
木板

会客空间
榻榻米

连接室内外的"檐廊"

内檐廊（日本东部）
与外檐廊对应，室内的檐廊。

外檐廊（日本西部）
用来遮风挡雨，室外的檐廊。

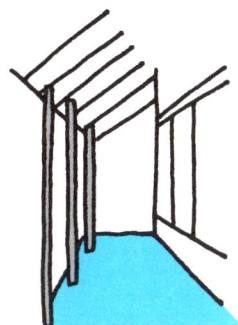

土檐廊（日本北部）
与铺木板的檐廊对应，用铺土间的工法铺设。冬天用防雨门板封闭。

让房子经久耐用的智慧

木头与木头直接榫合

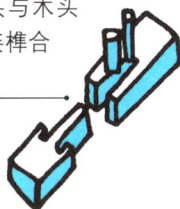

日本湿气较大，金属零件容易结露、生锈，尽量不要使用。

为了防止木材腐烂，用不易吸水的石材作基座。

使用未去皮的整根树干，既不浪费，木材的纹理也很美。

现代住宅与传统民居的对比

现代住宅	传统民居

如今，大多数现代住宅的屋檐设计比较窄。传统民居宽大的屋檐可以保护外墙不受雨水侵蚀，减缓房屋老化。

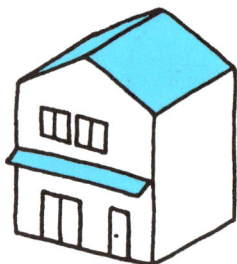

屋檐、门檐伸出的部分较窄。

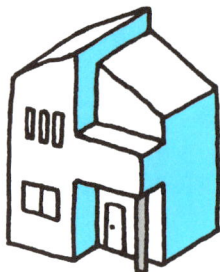

屋檐、门檐伸出的部分较宽。

雨水较多的地区，屋顶设计比较注重导流功能。

屋顶的设计大同小异。

各地区的屋顶各有特点。

带门檐的檐廊既可以调节光和热，也是与周围邻居交流的场所。

没有檐廊这样的缓冲区。

配有连接室内外的檐廊。

将古老的智慧运用到现代住宅中

有缓冲区和土间的自在生活

可伸缩雨篷

庭院　　露台　　客厅

向户外延伸

设置一个可伸缩雨篷，连接客厅、露台、庭院，整个空间由内向外延伸开来，开放感凸显。

室内、室外兼顾

封闭式阳台作为客厅的延伸，兼具室内、室外空间的双重属性。冬天可以吸收光和热，一直保温到夜晚。

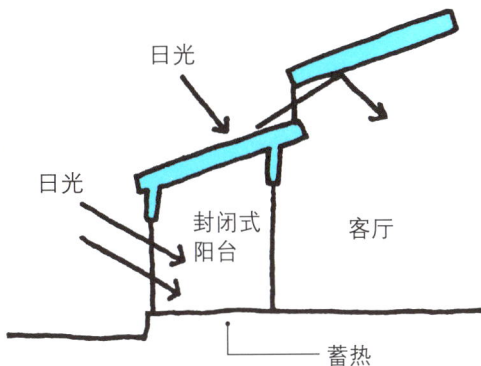

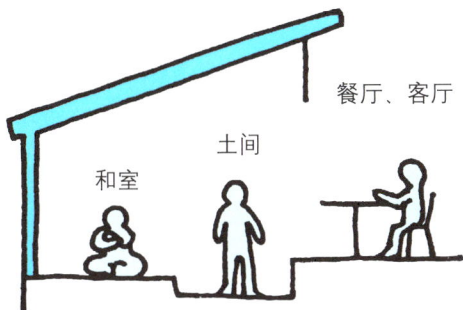

日光

日光

封闭式阳台　　客厅

蓄热

餐厅、客厅

和室　　土间

将土间融入格局设计

在日本传统民居中，土间是室内与室外的过渡区域，与和室远远隔开。运用到现代住宅中，可以作为孩子玩耍的空间，或者用来存放户外用品。

日本传统民居巧妙地实现了人与自然和谐共处，让生活富有季节感，是智慧的结晶。

读懂气候和风土

如何实现人与自然的
和谐相处呢？

　　日本的国土南北狭长，夏季炎热而潮湿，冬季相对温暖而干燥。

　　应对夏季的桑拿天，需要通风良好的开放空间；抵御冬季的寒冷，需要封闭的空间。为此，日本的住宅要同时满足开放与封闭两种需求。

　　现代住宅优化了隔热和封闭性能，人们可以舒适地生活在与外界隔离的环境中，但如何开放却是个问题。比如设计窗户时，有的建筑师会考虑当地的风向，有的建筑师则缺乏相关的知识，设计出的房子舒适度截然不同。窗户开对了方向，不仅住起来舒适，还能为房主节省不少能源开支。

　　现在，日本各地有很多统一设计建造的房子，如果这些房子没有考虑当地的气候特点，缺乏贴心的设计，我想会有损于居住者的生活质感。

日本不同地区的气候各有特点

一年 365 天，日本有 100 多天降雨量超过 1 毫米。各地降雨、降雪量的
多寡，直接决定了各地民居屋顶设计的差异。

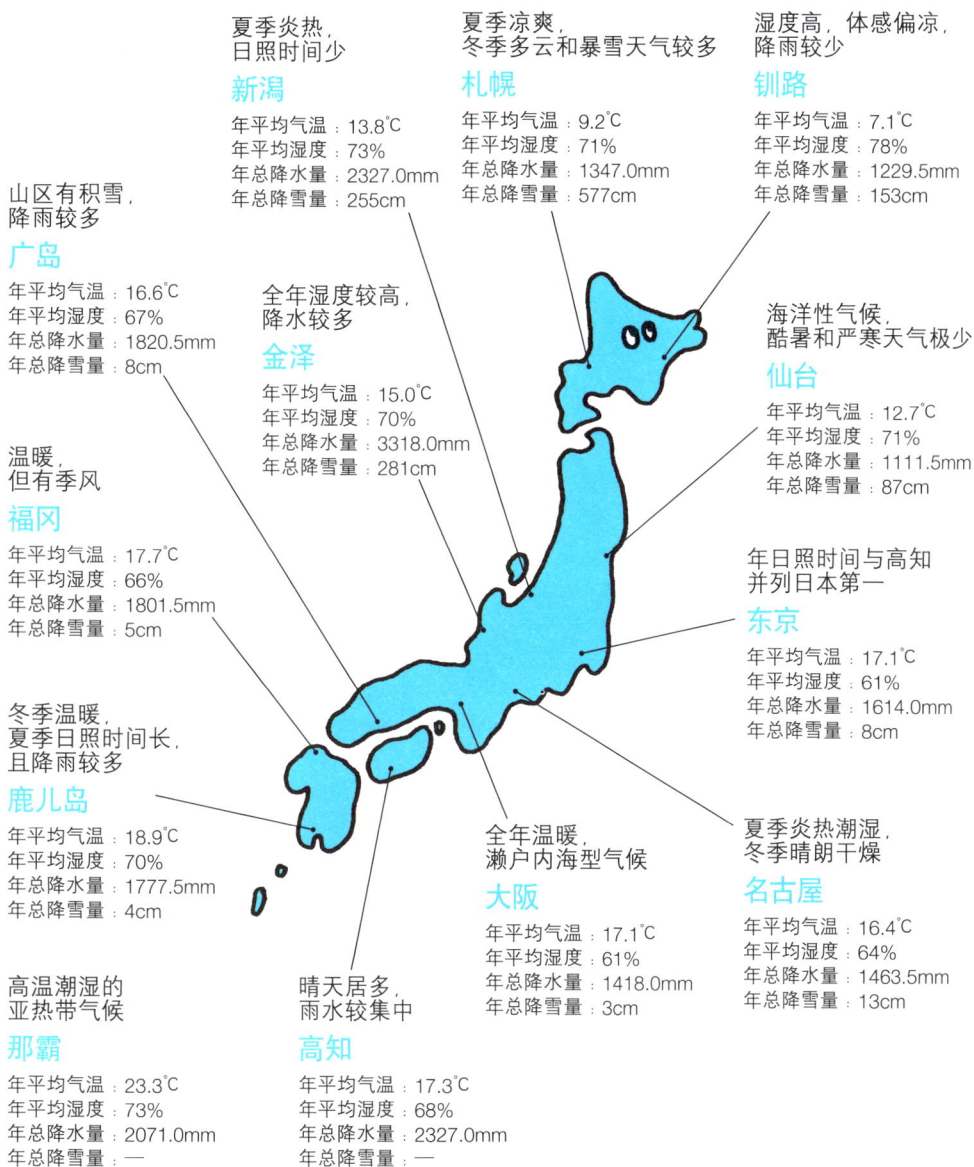

夏季炎热，
日照时间少
新潟
年平均气温：13.8℃
年平均湿度：73%
年总降水量：2327.0mm
年总降雪量：255cm

夏季凉爽，
冬季多云和暴雪天气较多
札幌
年平均气温：9.2℃
年平均湿度：71%
年总降水量：1347.0mm
年总降雪量：577cm

湿度高，体感偏凉，
降雨较少
钏路
年平均气温：7.1℃
年平均湿度：78%
年总降水量：1229.5mm
年总降雪量：153cm

山区有积雪，
降雨较多
广岛
年平均气温：16.6℃
年平均湿度：67%
年总降水量：1820.5mm
年总降雪量：8cm

全年湿度较高，
降水较多
金泽
年平均气温：15.0℃
年平均湿度：70%
年总降水量：3318.0mm
年总降雪量：281cm

海洋性气候，
酷暑和严寒天气极少
仙台
年平均气温：12.7℃
年平均湿度：71%
年总降水量：1111.5mm
年总降雪量：87cm

温暖，
但有季风
福冈
年平均气温：17.7℃
年平均湿度：66%
年总降水量：1801.5mm
年总降雪量：5cm

年日照时间与高知
并列日本第一
东京
年平均气温：17.1℃
年平均湿度：61%
年总降水量：1614.0mm
年总降雪量：8cm

冬季温暖，
夏季日照时间长，
且降雨较多
鹿儿岛
年平均气温：18.9℃
年平均湿度：70%
年总降水量：1777.5mm
年总降雪量：4cm

全年温暖，
濑户内海型气候
大阪
年平均气温：17.1℃
年平均湿度：61%
年总降水量：1418.0mm
年总降雪量：3cm

夏季炎热潮湿，
冬季晴朗干燥
名古屋
年平均气温：16.4℃
年平均湿度：64%
年总降水量：1463.5mm
年总降雪量：13cm

高温潮湿的
亚热带气候
那霸
年平均气温：23.3℃
年平均湿度：73%
年总降水量：2071.0mm
年总降雪量：—

晴天居多，
雨水较集中
高知
年平均气温：17.3℃
年平均湿度：68%
年总降水量：2327.0mm
年总降雪量：—

东京和大阪刮的风真的不一样吗？

你知道自己生活的地区哪种风向的风居多吗？当然，天气与季节不同，风向会有所变化，但很多人觉得风似乎总是从西向东吹。因此，若想打造一座通风良好的住宅，最好配合风向开窗。

窗户要配合当地的风向开设

东京
从南向北

大阪
从西南向东北

福冈
从东南向西北

窗户应该开在哪里？

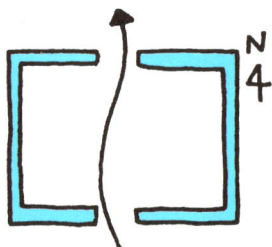

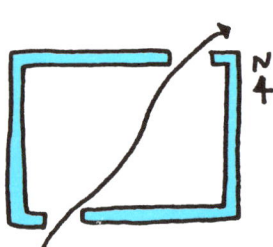

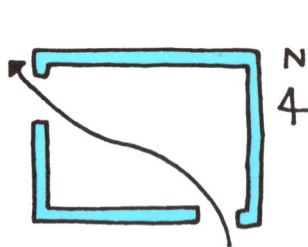

窗户应该开在哪里？

窗户应该开在哪里？

让风从南向北穿过。

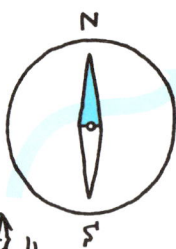

让风从西南向东北方向穿过。

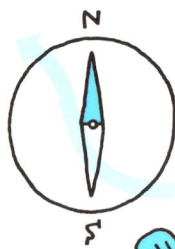

让风从东南向西北方向穿过。

传统民居如何防雨防水

多雨地区的传统民居，有很多防止雨水侵蚀的智慧，下雨天也可以舒适地生活。

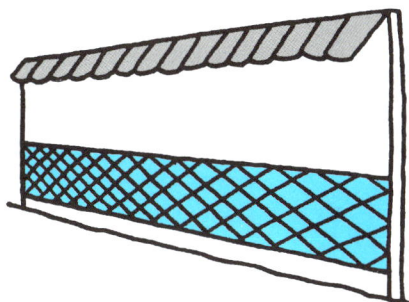

海参墙

在容易被雨水侵蚀的下半墙贴一层菱形平瓦，接缝处用灰泥嵌实。

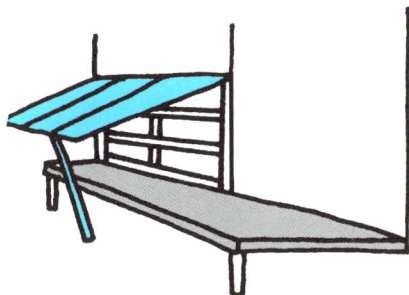

带雨篷的地窗

雨篷安装了铰链，可以自由开合。即使下雨，室内也能保持通风。

檐廊

宽阔的屋檐可以防止雨水进入室内。夏天可以用来遮阳。缺点是影响采光。

发挥巧思应对当地的气候，
家才能住得长久、舒适。

向《徒然草》学习建筑智慧

直到今天，这本书依然能为我们的生活提供参考。

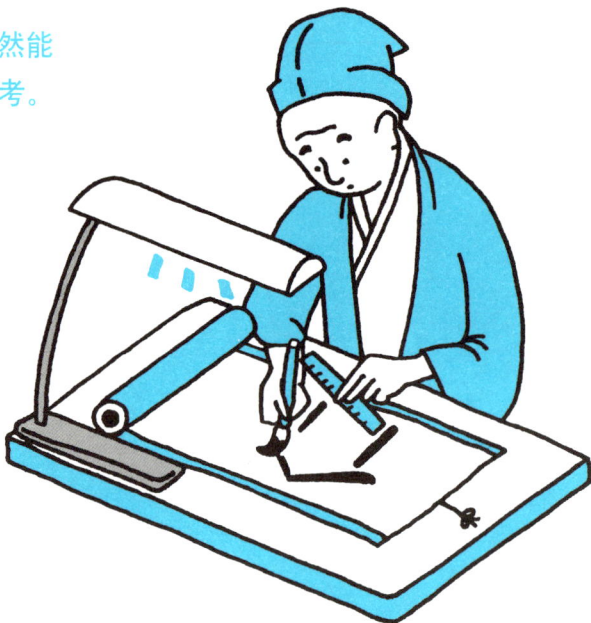

680 年前，吉田兼好在《徒然草》中说了这样一句名言："造屋应以适于仲夏居住为准。"

这表明了对住宅应当适合日本风土气候这一理念的推崇。日本传统民居的确讲求夏季的舒适感，非常重视通风。可见，先人的话语中蕴藏着不少真知灼见，值得人们去发现、领悟。

如今，空调已经成为必备家电，而传统民居的通风构造会影响空调的功效。因此，现代住宅更加追求密闭性和隔热性，但与此同时，又产生了室内空气污染、结露、发霉等新问题。

日本的夏季炎热又潮湿，即使到了现代，良好的通风依然是住宅的基本要求。通过巧妙地设计门窗，确保风可以穿过整个房间，这一点极为重要。建议多采用推拉门设计，可以自由调节通风和活动空间。如此一来，不仅可以改善室内空气，还能提升居住舒适度。

680 年前的日本人是怎样盖房子的？

吉田先生这样说

吉田兼好
（约 1283 ~ 1352 年）

造屋应以适于仲夏居住为准。冬日随处可居，然仲夏酷热难耐，若住所不合，则不堪暑气之苦。深水难有清凉；浅流涓涓，凉意悠长。欲观微物，则遣户之屋较蔀之屋敞亮。天花板过高，则冬寒灯暗。

（《徒然草》第五十五段）

让我们试着解读画线的两句话。

"造屋应以适于仲夏居住为准。"

"盖房子时，应该优先考虑夏天住得舒不舒服。"
因此，"盖房子时要确保良好的通风。"

"遣户之屋较蔀之屋敞亮。"

"相比吊窗，有推拉门的房间更明亮。"
因此，"要多采用推拉门设计。"

为房屋带来良好通风的细节

观察日本传统民居，会发现很多便于通风的细节。为了度过闷热的夏季，人们想出了不少巧妙的点子。一起来看看哪些可以应用到现代住宅中吧！

开扇小窗引风来

砌墙时留出窗洞，安上木棂格装饰成透气的牖窗。通常用于书院（起居室兼书斋的空间）或走廊等空间。

在北面的墙壁高处开一扇小窗，用来排出暖炉的烟。夏天可以与其他窗户形成对流，带来阵阵凉风。

室内的门窗设计也要考虑通风

上下或左右滑动推拉门，让风慢慢地流动。

门的中段设计成镂空的格子，以保持通风（主要用于储藏室）。

根据季节更换不同材质的门窗
夏天用竹制的推拉门，冬天用纸制或布制的推拉门。

推拉门在现代门窗界也是"优等生"

推拉门可以自由划分室内格局

几个房间如果用推拉门隔开，既可以形成开阔的整体空间，也可以分成几个小空间。枢轴门必须留出开门时占用的空间，推拉门则可节省空间。

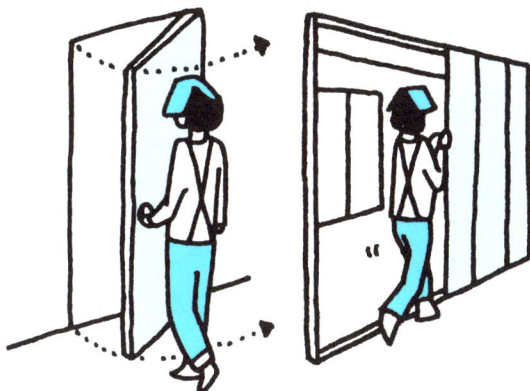

调节通风效果

不同的季节，可以自由调节推拉门开合的幅度。

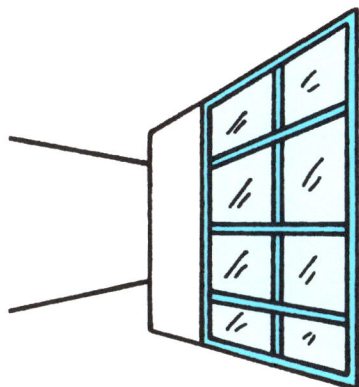

丰富室内的光线层次

在两层玻璃中间夹一层布，光线透过后变得柔和起来。

> 从古至今，人们一直致力于优化门窗的细节，以随心调控通风效果。

日本被喻为“木之国”

"适材适所"中的
"材"就是"木材"。

日本列岛森林覆盖率很高。第二次世界大战后，人们种植了许多针叶树，如今已经长成参天大树，但日本国内大多还是使用进口木材。日本产木材虽然价格偏高，但抗潮湿性强、木质细密，而且很多树种有着美丽的木纹。如果大家更多地选用日本产木材，想必会有助于节能环保。

通常用作建材的树种主要有柏树、红松、杉树等针叶木。它们的共性是具有良好的调湿性，木质轻而且不易变形，当然也有各自的特性。用不易腐烂、结实的柏木或栗木作为木基础梁，将强韧的红松用作承重的房梁，调湿透气的泡桐则用来打制家具，这才是真正的"适材适所"，建成的房子也会更加经久耐用。

不过，室内设计中过多使用木材、过于强调木材纹理的话，反而会显得有些繁杂、凌乱。木材的使用面积控制在 20% ~ 30% 最合适。

日本有多少森林？

你知道
日本的森林覆盖率是多少吗？

10%　30%　55%　67%　85%

提示：英国 10%，中国 14%，美国 32%，加拿大 54%

正确答案是 **67%**
位居世界第三！

全世界平均森林覆盖率是
31%

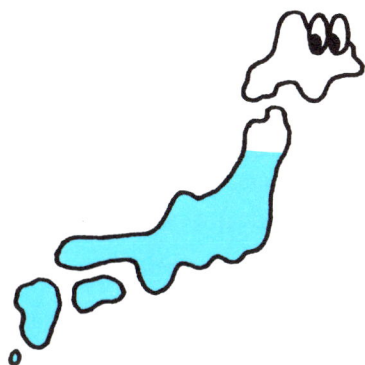

不过，日本产木材的使用率仅有20%

日本是当之无愧的森林大国，但是包括原木料、加工
木材、胶合板等在内，80% 的木材都来自进口。

你知道树木有多了不起吗？

木材可以吸湿，也可以加湿

湿度高，木材会吸收水分膨胀。空气干燥时，木材中的水分会蒸发，体积缩小。用作建材的话，含水率15%的木材最合适。

树木是碳元素的储藏库

二氧化碳是全球气候变暖的元凶，树木在进行光合作用时，吸收二氧化碳，并转化为碳元素储存下来。

木材比铁更强韧

将木材和铁同时拉伸，木材的延展性是铁的4倍，抗压缩强度是铁的两倍。

木材有一定的耐火性

燃烧初期，木材表面形成碳化层，有一定的隔热效果，能延缓高温对内部的侵袭。

木材容易腐烂吗？寿命有多长？

木材腐朽菌是造成木材腐烂的原因，在含水率低于20%的木材中，腐朽菌难以生存，所以保持木材干燥十分重要。一般来说，生长了60年的木材，使用寿命也是60年。

针叶树与阔叶树性质不同

针叶树

针叶树的叶子细长尖锐，而且几乎都是常绿树。柏树、红松、杉树等都属于针叶树。

[适用于] 梁柱、地板

纤维的纹理是直的

密度较小，木质较轻，不易变形。热导率较低，因而摸起来手感较暖。

阔叶树

阔叶树的叶子呈扁平状，既有落叶树，也有常绿树。橡树、栗树、榉树等都属于阔叶树。

[适用于] 门窗、家具

纤维的纹理密集

密度较大，比较坚固，但伸缩性强，容易变形。热导率较高，手感相对冷硬。

木材能给人良好的感官刺激

美丽的木纹给人以视觉享受　　树木生长过程中自然形成的年轮，纹理规则又有所变化，在视觉上给人柔和舒适的感受。

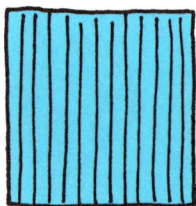

规则的条形木纹

杉树的直木纹
（针叶树）

榉树的山形木纹
（阔叶树）

光线经木材反射变得柔和　　光线沿着木材纤维的走向照射，与垂直照射时形成的光的反射不同。由于木材表面有细微的凹凸，光线照射后形成漫反射，不会让人觉得刺眼。

与纤维方向近似垂直的
光的反射

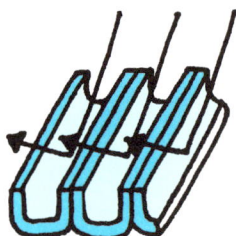

与纤维方向近似平行的
光的反射

木材的手感很舒适　　木材不易导热。与石材、玻璃、塑料等材料相比，它柔软而光滑，触感很舒服。

温暖（冷热感）

柔软（软硬度）

顺滑（光滑度）

根据用途选用合适的木材

不同树种的木材，性能有很大的差异。木匠们一代一代积累了丰富的智慧，他们了解各种木材的用途。如今，胶合板、预制板等大行其道，这些古老的智慧逐渐被忽略。不过，只有了解一些基本知识，用材得当，才能造出好房子。

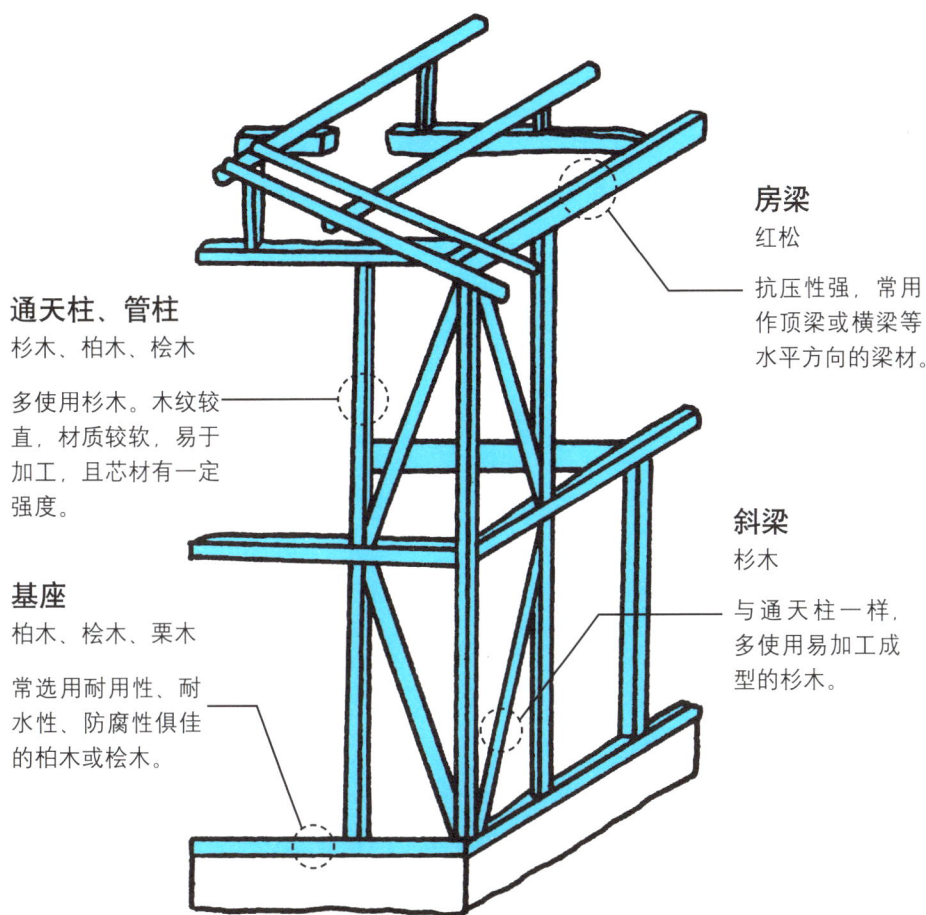

房梁
红松

抗压性强，常用作顶梁或横梁等水平方向的梁材。

通天柱、管柱
杉木、柏木、桧木

多使用杉木。木纹较直，材质较软，易于加工，且芯材有一定强度。

斜梁
杉木

与通天柱一样，多使用易加工成型的杉木。

基座
柏木、桧木、栗木

常选用耐用性、耐水性、防腐性俱佳的柏木或桧木。

要充分了解木材的特性，
适材适所地运用于建筑中。

什么样的材料才是好建材？

住宅是用什么材料建成的？

　　传统民居使用的建材都是天然的。比如屋顶是用茅草或柏树皮搭成的，内部装修主要用土墙、灰泥、和纸、木材，地板则由木板、竹子、草等铺成。这些材料都是生活中常见的，当然，除了这些，昔日的人们也找不到其他可以用来盖房子的材料了。今天的房子则大为不同，人们大量使用化学合成建材，因为它们易清洁、耐腐蚀、品质均一，而且便于施工。

　　使用天然建材，需要对这些材料有一定的了解。比如，实木难免有节眼和些许弯曲，这是木材本身固有的缺陷。出现问题时，不妨试想一下背后的成因，接受缺点，要有这样的心理准备才行。

　　天然材料是有生命的，会受环境影响发生变化，也正因如此，只要用心爱护，天然材料用得越久，越能呈现出岁月之美。化学合成建材虽然没有温暖的触感，但是便于打理、稳定性好、经久耐用。请大家根据自己的需要，选择适合的材料，这才是最重要的。

建筑、装修材料的昨天与今天

传统住宅——天然材料

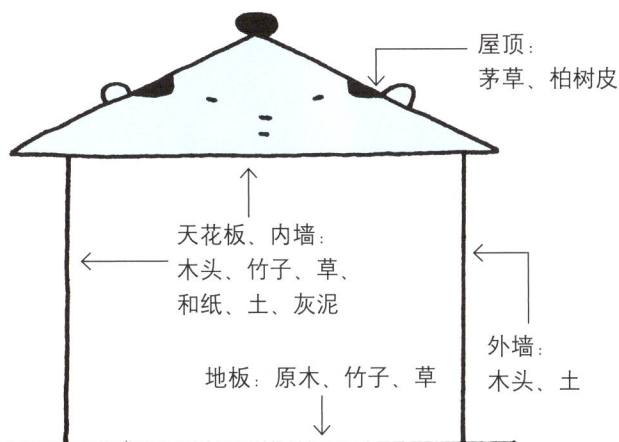

屋顶：
茅草、柏树皮

天花板、内墙：
木头、竹子、草、
和纸、土、灰泥

外墙：
木头、土

地板：原木、竹子、草

- 以天然材料建成
- 材料会呼吸
- 墙面无须涂装
- 对工匠的要求较高
- 岁月带来的变化让人期待
- 能安抚人的情绪

现代住宅——化学合成材料

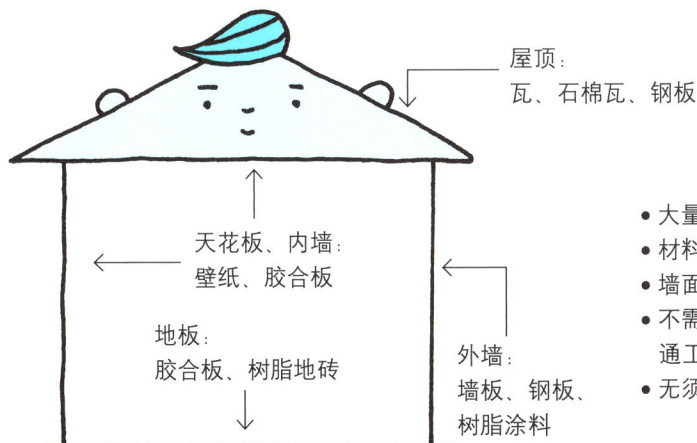

屋顶：
瓦、石棉瓦、钢板

天花板、内墙：
壁纸、胶合板

地板：
胶合板、树脂地砖

外墙：
墙板、钢板、
树脂涂料

- 大量使用合成树脂
- 材料没有生命
- 墙面需要涂装
- 不需要真正的匠人，普通工人就能施工
- 无须花精力保养

了解建材的特征，
再根据用途合理选择。

住得舒不舒服，脚会告诉你

人与地板接触的时间最长。

今天，很多人习惯在家穿拖鞋。其实，进门脱鞋是日本人的传统习惯。赤着脚才能由身到心地放松自己。因此，地板材质与脚感的关系非常重要。

比较木地板与地砖，会感觉前者温暖而后者冰冷，大概有 5 度的体感温差，其实，它们的温度完全一样。可为什么体感上会相差那么多呢？那是因为两者的热导率不一样，也就是传递热量的速度不同。热导率高的材质会迅速把脚底的热量"夺走"，夏季会觉得很凉快，冬季则会觉得冰冷。

除了体感温度，地板的触感、踩踏感也影响生活的舒适度。相对柔软的地板有一定的缓冲功能，走在上面自然觉得舒服。不同材质的地板甚至会影响你的生活方式。在冰冷而坚硬的地砖上行走时，一定要穿拖鞋，而且想必你也不愿意躺在上面打盹。换作是铺了实木地板、榻榻米、软木地板或者地毯的地方，你会情不自禁地躺在上面，小憩片刻。

地板不同，生活方式也不同

天花板、墙壁装饰得再美，只能用来欣赏，而地板每天都要与身体亲密接触。为此，地板的材质不同，休息、放松的方式也不一样。

榻榻米

表面用灯芯草等植物纤维织成，内芯填充富有弹性且保温性能好的材料。触感很舒服，可直接坐卧在上面休息。

木地板

实木地板有着天然的木纹和色调，不仅能给人柔和的视觉感受，触感也很舒适。
比榻榻米硬一些，需要铺毯子或垫子才能坐卧。

地砖

具有良好的防水性，便于清洁，适合有绿植的室内阳台或日光室。
冰冷坚硬，长时间接触需要穿拖鞋。

地毯

质地柔软又温暖，让人忍不住想躺在上面。可以吸收脚步声，让家里变得安静。
缺点是一旦留下污渍，很难清理。

地板材质不同，触感大相径庭

选用哪种材质的地板好呢？防水，铺设地暖也不易变形，有缓冲功能，可以吸声降噪……从这些五花八门的功能中选出你真正需要的。然后再考虑触感和外观，决定你想要的材质。

复合木地板

将薄板粘合在一起压制而成，踩上去又冷又硬。

实木地板

选用天然木材，踩上去温暖而柔软（尤其是针叶木）。

榻榻米

较柔软，夏天可以阻隔热气，触感清凉。冬天有保温效果。

软木地板

吸湿、有弹性，走在上面很舒服。用天然木材制成，也能给人温暖的感觉。

地砖

冰冷而坚硬，双脚负担较重，必须穿拖鞋。防水性很好。

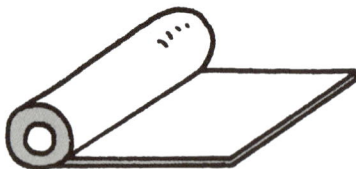

泡沫地垫

树脂材质，可以缓解冲击。越厚走上去越舒服，保温效果也越好。

"太凉了"会影响身体健康

注意脚心不要受凉

热辐射
42%

蒸发、对流
32%

热传导 26%

人体每天散发的热量

人类的热量大部分通过蒸发、对流、辐射散发，面积很小的脚心居然要散发26%的热量。

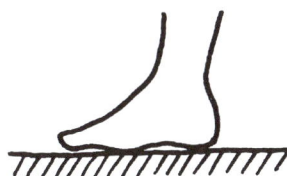

冰冷的材质会给身体造成负担

双脚直接踩在冰凉的地砖上，巨大的温差会导致血压瞬间上升，甚至有可能引发中风。

家里比较冷的地方必须注意保温

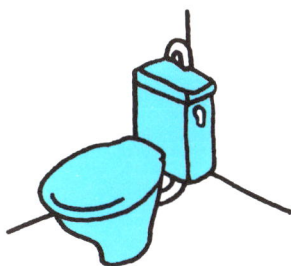

厕所

如果铺泡沫垫，尽量选择厚一些的，保温效果更佳。

浴室

如果铺地砖，建议安装浴室取暖设备。

走廊

走廊的气温总是偏低，建议铺设厚一些的杉木地板。

双脚每天都与地板接触，
选对材质比你想象的更重要。

大自然会告诉你让人舒心的颜色

大自然是最好的色彩搭配师。

　　装修时如何选择材料的颜色，可以从大自然中学习。比如绿叶的色彩饱和度大多在 3.5 ~ 6.0，如果房屋外墙的颜色饱和度也在这个区间，看起来就会有些突兀；把饱和度下调至 1 ~ 2，就能与周围的树木协调相融。

　　日本人用色一般以反射率 50% 为基准，或许是因为人的肤色反射率也是 50%。和室之所以会让人内心安宁，是因为选用的所有材料，如杉木板、榻榻米、墙壁涂料等，其反射率都在 50% 以下。

　　再比如，有"东京玄关"之称的东京站，外墙采用反射率 48% 的红砖，厚重的色彩让人安心。尤其是傍晚时分，在夕阳的照射下呈现深茶色，比白天时更加低柔，添了一层温和的美感。红砖是用泥土烧成的，其颜色源于大自然。

适合住宅的亮度与饱和度

色相 ……有红、黄、蓝等 10 种基本色。

色彩三要素

亮度 ……色彩的明亮度。用 0 ~ 10 来表示，越暗数值越低，越亮数值越高。

饱和度 ……色彩的鲜艳度。用 0 ~ 14 来表示，黑白灰等颜色数值为 0，户外广告牌、店铺招牌等高达 7 ~ 8。

绿叶的饱和度为 3.5 ~ 6.0，亮度为 4 ~ 5。
室内外装修选择颜色时，可以参考这个数值。

树叶的颜色数值

了解大自然的颜色，有助于你为自己的家选择赏心悦目的颜色。

变红的樱花树叶

亮度 4 / 饱和度 10

绿色银杏叶

亮度 5 / 饱和度 6

榉树叶

亮度 4 / 饱和度 6

让住宅赏心悦目的亮度与饱和度

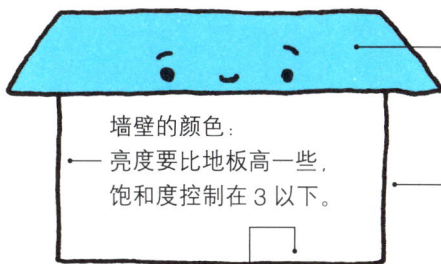

屋顶的颜色：
选择不太亮的颜色，亮度 4 左右，饱和度 1。

墙壁的颜色：
亮度要比地板高一些，饱和度控制在 3 以下。

外墙的颜色：
选择明亮的颜色，亮度 9 左右，饱和度比屋顶稍微低一些。

地板的颜色：如果亮度为 5，饱和度要在 3 以下。地板的颜色比墙壁稍深一些，会有一种温馨感。

装修材料与光线的关系

材质不同，光的反射率也不同。偏硬的材质反射率高，容易让人觉得刺眼，要控制使用的比例。

不同材质对光的反射率不同

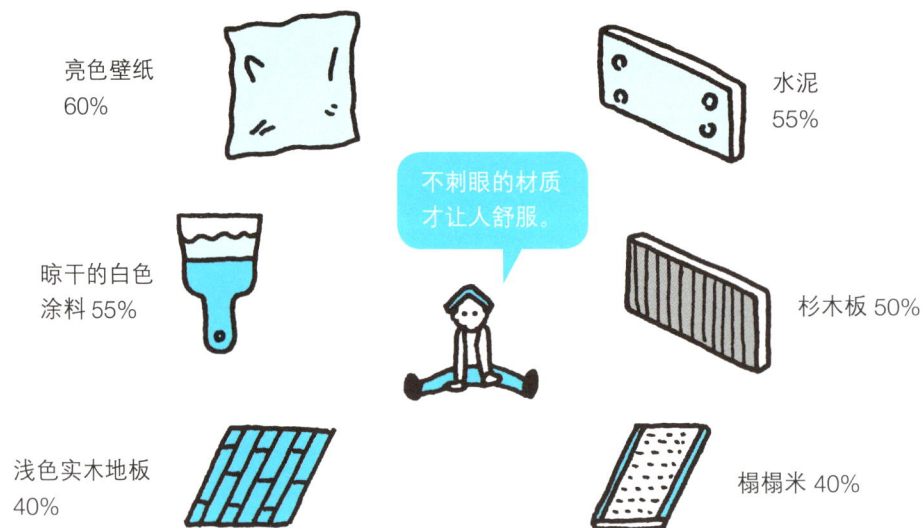

亮色壁纸
60%

水泥
55%

不刺眼的材质才让人舒服。

晾干的白色涂料 55%

杉木板 50%

浅色实木地板
40%

榻榻米 40%

日本人肤色的平均反射率在 50% 左右。和式的家居风格之所以让人觉得淡雅恬静，就是因为使用的材料反射率都在 50% 以下。

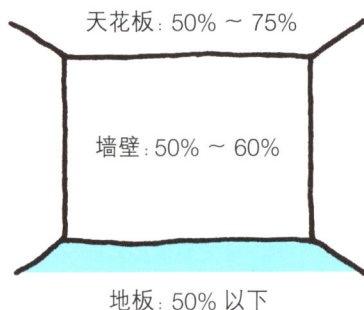

天花板：50% ～ 75%

墙壁：50% ～ 60%

地板：50% 以下

室内装修材料的反射率以 50% 为基准

如果材料的反射率整体偏高，会让人觉得紧张不安。墙壁的面积是最大的，以它为参照，选用反射率低一些的地板，整个空间会给人安宁之感。

四大用色技巧

想让你的家舒适美观，掌握一些基本的配色技巧很重要。

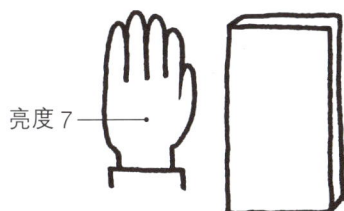

亮度7

色彩的亮度以手背为基准

墙壁、地板、家具等，色彩的亮度如果超过了手背，会让人不安，这一点需要特别注意。

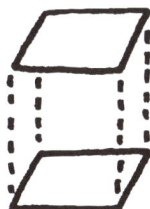

天花板以白色为基准

白色天花板会产生比实际高10cm的视觉效果，反之，黑色看起来会矮10cm。如果房间比较狭窄，白色天花板可以让房间显得宽敞一些。

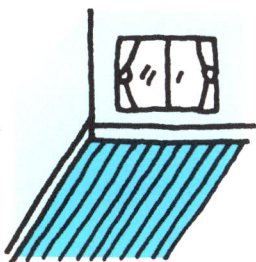

地板颜色要比墙壁深一些

地板与墙壁是同一色系时，地板应选择深一点的颜色，会让人觉得很安心。

书桌的颜色

如果选择比肤色明亮的黄色、粉色、茶色、白色等，容易造成视觉疲劳。最好选用与肤色亮度接近的，这样无论工作还是学习，都会备感舒适。

为配色而苦恼时，
不妨参考大自然中的颜色。

留一些余白

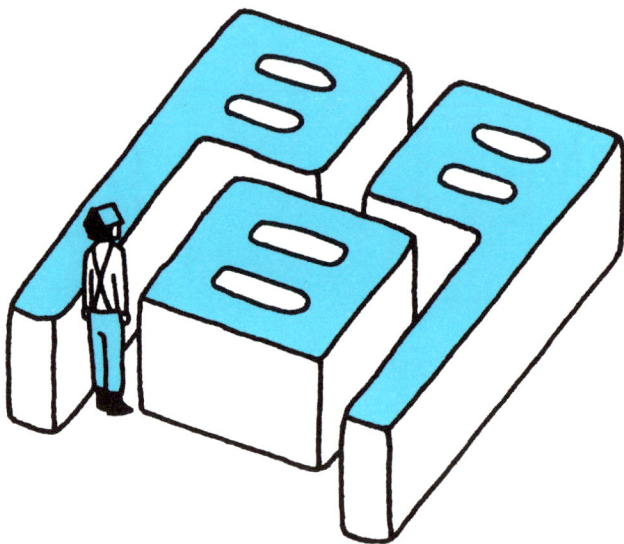

你的家里有没有闲置的空间？

《徒然草》中写道："造作于空白之处，观之有趣，亦可备用。"很多人在设计格局时，恨不得每一寸空间都物尽其用。但如果把空间规划到极致，这样的家就会有一种局促感，格局缺乏张力，单调乏味。

因此，不妨在两个规划好的空间之间留一片小小的余白，这样一来，空间的界限会稍显模糊，有了喘息的余地，房间也会显得开阔一些。另外，楼梯设计得宽缓一些，视觉上也会有富余之感。还可以点缀上自己喜欢的饰品，或者偶尔坐在楼梯上休息，这也是一种生活的留白。

这些看似无用的留白，不仅能让我们的家变得富于美感，或许还会给生活带来更多可能。

"间"是世界通用的概念吗？

西方人与日本人对"间"理解的差异

西方人 ─┬─ 时间 time, pause
　　　　└─ 空间 space, room

日本人 ─┬─ 腾出空间 space ─┐
　　　　└─ 抓紧时间 time ─┴─ 都是"间"

在日语中，"间"既表示时间，也表示空间。注重空间、时间的留白是日本文化非常重要的特征。但在英语中，时间与空间的概念是相互独立的。

绘画艺术中的留白

西洋画 画面中的每一个角落都被填满。

日本画 用尽量少的线条描绘，用留白表现空间感。

从传统民居沿袭下来的留白

壁龛

壁龛出现于室町时代形成的"书院造"风格的武家建筑中，主要用来展示卷轴画和插花。虽然只是装饰性空间，却并非无用，它展现了主人的"爱美之心"，是宝贵的留白。

土间

在日本传统民居中，土间作为劳动的空间，是不可或缺的。在现代住宅中，土间依然是连接室内与室外的空间，不过演变成了保养户外用品、可以在园艺劳动时穿鞋休息的场所。

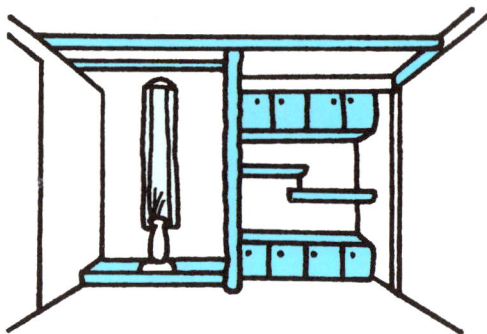

坪庭

常见于京都街道上狭长形的民居中，有引入光线和通风的作用。人们在这里用植物造景，以欣赏自然之美和四季更迭。

现代住宅中也需要留白

门廊

室内空间的延伸，也是庭院的一部分，类似于檐廊和土间，用途多样。能为生活提供一个开放而多元的空间。

中庭

即使建地狭小，也不建议全部规划成功能性空间。房间面积稍稍调整，留出中庭，整体格局就会开阔不少。居住其中，可以随时散散步吹吹风，还可以种些绿植，享受满眼绿意。

壁龛

冰冷的墙壁上，只要凿出一个浅浅的壁龛，摆放一些装饰品，瞬间就能增添生活情趣。如果摆设能吸引人的视线，空间会变得深远而有层次感。

跃层格局

将上下两层的一部分空间打通，为一楼增加开阔感，还可以在高处开一扇窗，让光线照进来。楼上楼下可以直接对话，乐趣多多。

留白非常重要。它可以让整个空间富有张力，让生活更加舒心。

让你的家更具仪式感

重视每一天，生活才能过出仪式感。

参加传统仪式或节日祭典时，你会不会觉得自己充满活力？其实，许多仪式本就是为了振奋人们的精神而举行的。自古以来，日本人的生活一直有"晴""亵"之分。所谓"晴日"，即红白喜事、节庆祭典等隆重的日子，人们需要穿"晴着"（礼服）；"亵日"则是平常柴米油盐的日子。每逢晴日，日本人会通过在居所中摆放节庆用品，用卷轴画、插花装饰壁龛等方式营造非常的气氛。

今天，人们的生活方式变得更加多元化，这种仪式文化日渐淡薄。不过，如果能在家中增添一些有仪式感的元素，丰富生活情趣和精神追求，日子一定会更有生气。

灵活地引入光线或采用特殊的照明方式，巧妙地搭配颜色，选用特别的材质……就能让你的家别具一格，给生活增添仪式感。哪怕只是折几枝野花插瓶，装饰在壁龛或柜子上，也会让居室瞬间变得生机勃勃。

生活中的非日常时刻

有日常，才有非日常

每天都有热闹的仪式会让人疲惫，一张一弛才是平衡之道。正是有了平淡的日常，那些盛大的仪式和祭典才令人期待。

让人心潮澎湃的时刻就是"非日常"时刻

生活中需要令人雀跃的时刻。传统仪式、长途旅行等与平时"不一样"的活动，让人既紧张又兴奋，充满期待。

四季的庆典

在高级餐厅用餐

户外烧烤派对

家庭旅行

能不能在家中营造出这种非日常的感觉呢？

关键在于变化

在住宅中打造一片有个性、可装饰，或者能感受自然变化的空间，就能为生活带来新鲜感。

和室→空间小，更需要壁龛

越是狭小的空间，越要考虑设置壁龛，而不只考虑收纳。定期更换饰品或鲜花等，就能为居室带来变化。

玄关、用水空间→撷采自然的绿意

自然中的绿植在四季里呈现不同的风采，令人赏心悦目。把这份绿意移入洗漱间或浴室，会让人觉得格外清新。

客厅→改变部分墙壁或某个角落的颜色

将一部分墙壁刷成高饱和度的颜色，吸引人的视线，整个空间因而有了层次感，呈现出一种不同于日常的氛围和格调。

巧妙地引入光线

在高处开一扇窗，让射进来的
光线通过墙壁的反射照亮室内。
窗户本身并不引人注意，因而
这道光线能给人出其不意之感。

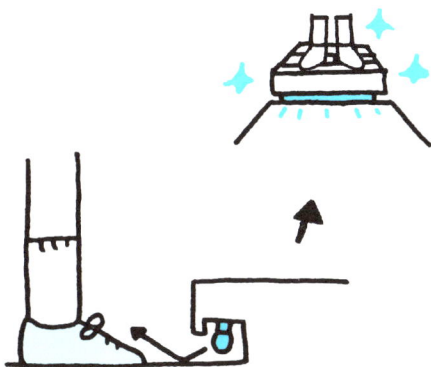

在玄关换鞋处的台阶下面安装
照明。换鞋时看不到光源，却
有一道光线照亮双脚，有种让
人温暖的惊喜。

选用特殊材质以突出存在感

瓷砖、金属、天然石材、
彩色玻璃、可以折射出摇
曳光线的凹凸面玻璃……
选用能为居室增添亮点的
材质，把它们用在最想吸
引眼球的地方,效果非常棒。

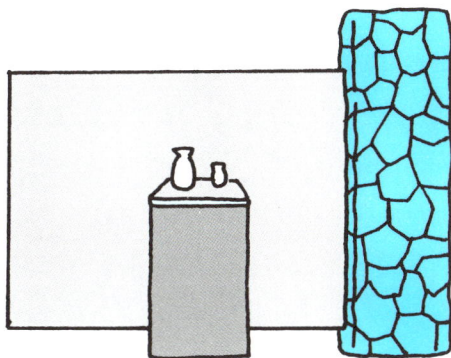

灵活地采用特别的材质、引入光线，
就能为日常生活带来新鲜感。

1000 日元纸币是住宅的基本模块

日本人沿用自古流传的"尺贯法"来丈量建筑的大小。比如大家在房地产信息中经常看到用"坪"来表示住宅面积。1 坪 = 6 尺 × 6 尺，刚好是两张榻榻米的面积。而"尺"这个单位，见形知义，过去大概是张开的拇指与食指间的长度（约 15cm，现在 1 尺 ≈ 30cm），人的身高大约是这个长度的 10 倍。明白尺贯法是以人的身体为参照的，不难推测出一张榻榻米的大小大约是一个人躺下来所占的面积。

一般飘窗的深度是 45cm，厨房的深度是 60cm……测量一下家中的尺寸，会发现很多都是 15 的倍数，各种建筑材料也是以此为基准制定尺寸的。设计格局时，如果难以决定尺寸，不妨以 15cm 为单位来规划。顺便告诉你，1000 日元纸币的长度正好是 15cm，虽然不知道当初为什么定为这个尺寸，但想必这个符合人体工学的尺寸很方便人们的使用吧。

1000 日元纸币、两指间距、榻榻米
都是"15"的好朋友

都是 15cm 长

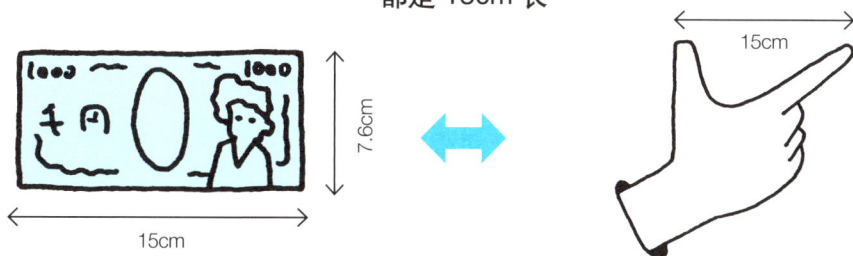

张开大拇指和食指，两指尖的间距大约是 5 寸
（15cm）。1000 日元纸币的长度也是 15cm。

"叠""间""坪"这三个单位也是 15 的倍数

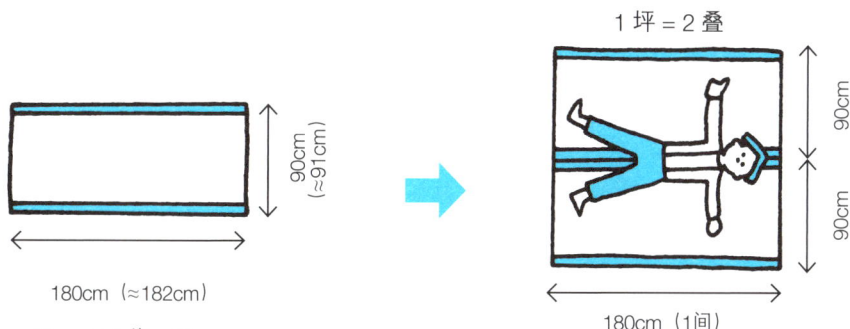

1 坪 = 2 叠

15cm × 6 倍 = 90cm
90cm × 2 倍 = 180cm

人以大字形躺下时，所占面积约为 5 尺 × 5 尺。
四周各留出 1/2 尺，就是 6 尺 × 6 尺 = 1 坪（约
3.3m²）。1 张榻榻米的大小为 1 叠。

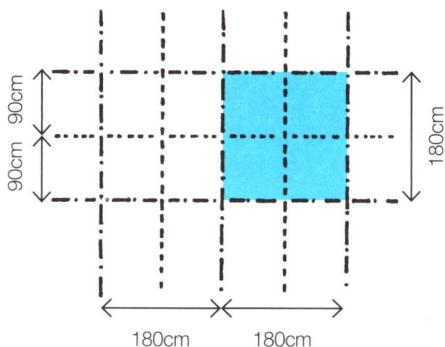

设计格局时以两张榻榻米
（180cm × 180cm = 1 坪）为基准

1 间 ≈ 180cm，1 间 × 1 间 = 1 坪。
以 1 坪为一格来画简图，便于设计
格局。如果再标出 90cm 的中点线，
就可以更加细致地考虑布局了。

你的家、你的身高都是 15 的倍数

1000 日元纸币与人的身高都是 15cm 的整倍数

18张1000日元纸币 = 270cm ……理想的厨房宽度

16张1000日元纸币 = 240cm ……常见的天花板高度

14张1000日元纸币 = 210cm ……建筑基准法规定的客厅天花板的最低高度

12张1000日元纸币 = 180cm ……"1 坪"的边长

日本女性的身高也可以用 1000 日元纸币的倍数来表示

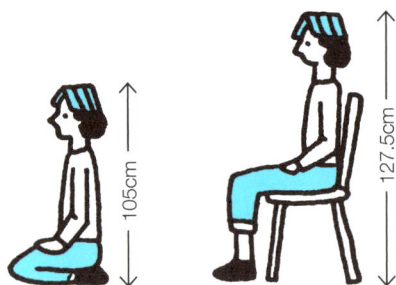

105cm

127.5cm

157.5cm

210cm

7 张 1000 日元纸币　　8.5 张 1000 日元纸币　　10.5 张 1000 日元纸币　　14 张 1000 日元纸币
及腰的高度是 6 张

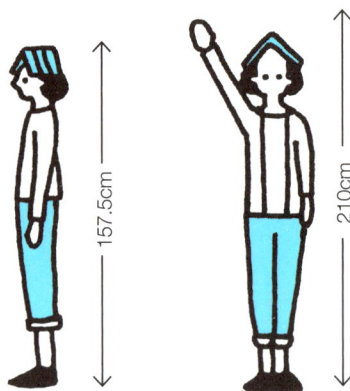

再告诉你……

10000 日元纸币多长呢？

7.6cm

16cm

比 1000 日元纸币长 1cm

5000 日元纸币多长呢？

7.6cm

15.6cm

比 1000 日元纸币长 6mm

测量一下身边的物品吧!

以 15cm 为单位思考装修规格

卫生间的收纳

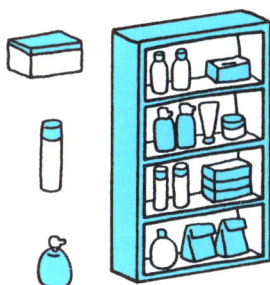

便于活动的范围

洗发水、沐浴露、化妆水等个人护理的瓶瓶罐罐，只要一个深 15cm 的收纳架就可以归置整齐。

设计做家务等活动的空间时，不妨以 15cm 为单位考虑。

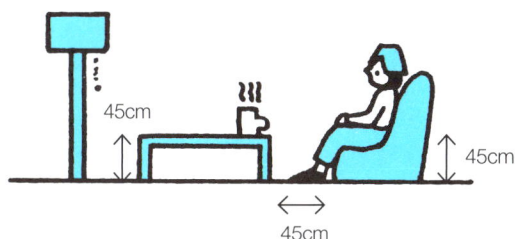

客厅沙发的座面高度、茶几的高度一般是 45cm。沙发与茶几间的距离也以 45cm 为宜。

以人为本的测量法随处可见

人　　　　　　家具　　　　　　建筑　　　　　　城市

我们的家和其中的家具，都是以人的身高和便于活动的范围为基准设计的。那些大型建筑，乃至城市的设计也必须以人的活动为标准。人的感受是一切的基础。

根据榻榻米的大小估算面积

只看户型图，很难想象出房屋的实际大小，如果换算成榻榻米的大小，就容易多了。下面介绍一般的家具和格局的大小。

壁橱
1叠

厕所
1叠

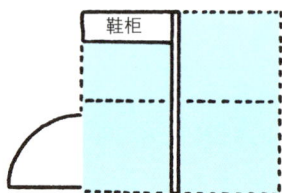

玄关
2叠

楼梯
2叠

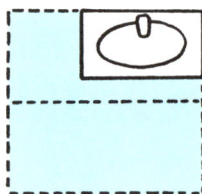

洗漱间
2叠

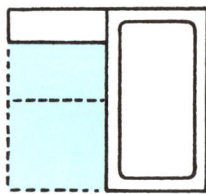

浴室
2叠

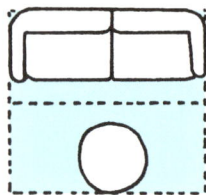

客厅
沙发和茶几
2叠

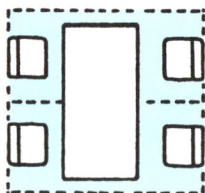

餐厅
餐桌和餐椅
2叠

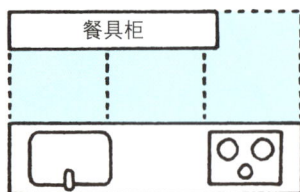

厨房
餐具柜
3叠

利用户型图规划空间

32 坪（4 间 × 4 间，2 层）是四口之家生活的必要面积。那么一层的大小就是 16 坪，即 32 叠。除去玄关、浴室等，每层可用于 LDK[①]、卧室等的面积为 24 叠。

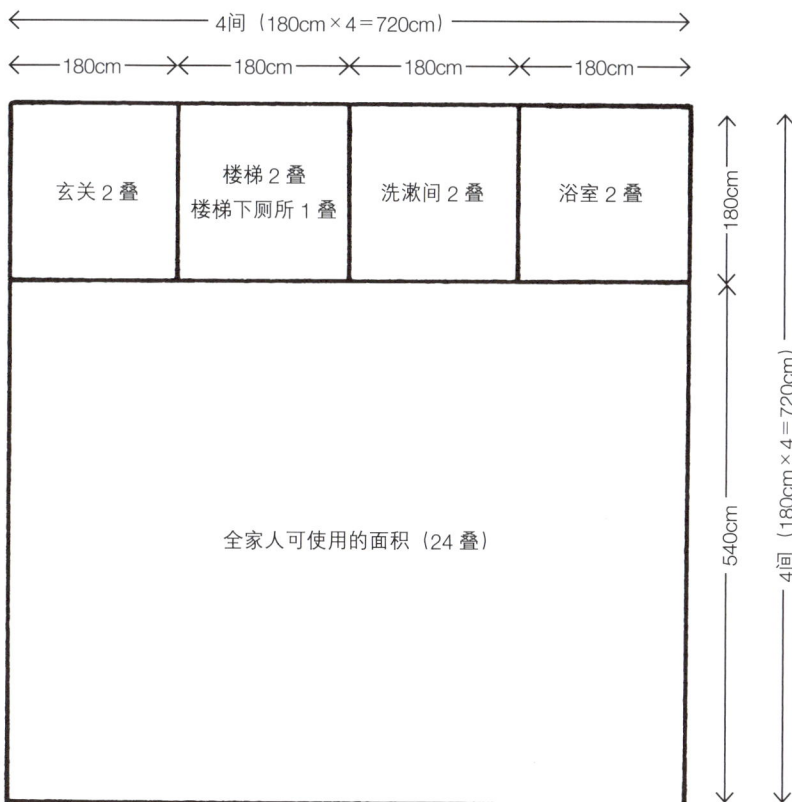

| ← 4 间（180cm × 4 ＝ 720cm）→ |
| ← 180cm → | ← 180cm → | ← 180cm → | ← 180cm → |

| 玄关 2 叠 | 楼梯 2 叠
楼梯下厕所 1 叠 | 洗漱间 2 叠 | 浴室 2 叠 |

全家人可使用的面积（24 叠）

180cm

540cm

4 间（180cm × 4 ＝ 720cm）

把握好标准尺度的概念，
就能根据户型图预估房间的大小，
装修的想法也会更加具体。

①客厅（living room）、餐厅（dining room）、厨房（kitchen）的英文缩写。

家就像一个适合
居住的大盒子

打造一个让人想回家的玄关

让人感受到温暖
的地方。

　　如果只把玄关作为换鞋的场所，未免显得单调。当然，很多时候因为面积有限，为了让卧室、客厅宽敞一些，会尽量削减其他空间的面积。但玄关是室内和室外的过渡，必须予以重视。

　　把玄关作为装饰空间，在设计、照明上多花些功夫，就能营造出高级感，不仅能给来访者留下良好的印象，家人外出或回家时也能有很好的心理过渡。那些高级酒店或旅馆之所以着力营造大堂的温馨气氛，正是为了追求宾至如归的感觉。同样，如果你精心打造的玄关能让家人进门后忍不住感叹"还是家里好啊"，那就是一个成功的玄关。

　　我不太推荐这样的设计：打开门就是喧闹的马路，没有给玄关留什么余地。道路与玄关之间应当留有喘息的空间，让回家的人可以在这段距离完成心情转换。当然，我也不推荐豪宅式的停车门廊。在我看来，即使面积狭小，也可以通过矮墙等格局设计强调玄关的重要性。另外，如果能在玄关处增添一点绿意，那就更完美了。

重新审视玄关的作用

连接室内和室外

作为过渡空间，必须营造出让人安心舒适的氛围。

换鞋、迎接客人的地方

要有方便换拖鞋的空间，以及收纳鞋子、外套、雨伞等物品的空间。另外，玄关也是迎接客人的地方。如果足够宽敞，还能当作土间，发挥多种功用。

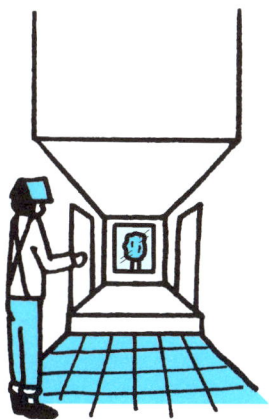

决定住宅的第一印象

玄关是你的家给人第一印象的地方，也是出入的空间。可以与其他空间的风格区别开来独立设计，如果能有一些促进家人心情转换的布置就更好了。

从门径开始点亮心情

从道路至玄关的这段门径，如果用心设计，会让人眼前一亮。即使面积小、没有太多空间，也可以用巧思营造氛围。

玄关门

既是院子也是过渡空间

将整块建地视作一个建筑，将院子与门径的设计融为一体。这样就算面积很小，也不会显得那么局促。

栽培绿植，也为街道增添一分绿意。

利用墙壁改变视线方向，引入门内

改变人们行走的路线，拉长行走距离，就能给人门户深远之感。

栽培一些低矮的植物，与道路悄然隔开。

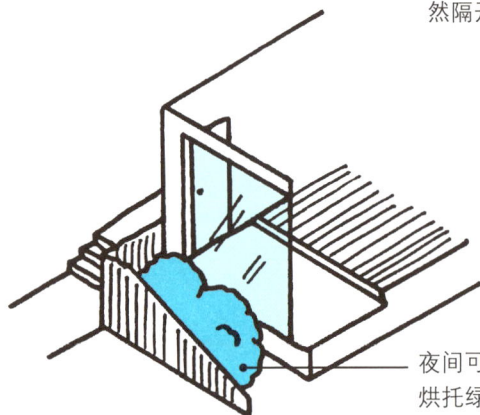

巧用反向视觉效果，营造开阔感

在玄关的墙壁上镶一面玻璃，有联结室内外、开阔空间的效果。用百叶窗或绿植适度遮挡外界的视线，既能营造开阔感，又能保护隐私。

夜间可以用小射灯打光，烘托绿植。

增加玄关魅力的小诀窍

好的照明和收纳能为玄关带来温馨感。

点亮灯光，让家人感受温暖与安心

从窗户透出的灯光，象征着家人的等待，让人感受到回家的喜悦，期待与家人团聚的安心感。

打造隐藏式大容量收纳空间，解决玄关杂乱的难题

在玄关旁设置一个衣帽间，收纳鞋子和外套。让家人在这里换鞋、换衣服，玄关就可以一直保持整洁。

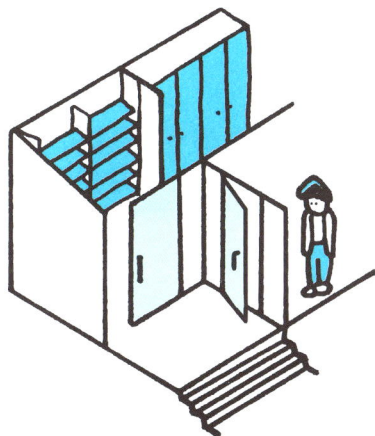

玄关不仅要注重功能性，
也要营造能让家人转换心情的氛围。

打造有凝聚力的客厅

家，让人留恋的不是物质，
而是彼此的联结与依赖。

　　现代社会消费十分便利，很多生活需求都可以在家庭外部得到解决。吃饭可以去餐厅，洗澡可以去公共浴场……然而，有一样东西无法取代，那就是团圆。全家人团聚在一起、加深彼此感情的一系列行为，任何东西也无法取代。因此在设计住宅时，首先就要考虑家人在这所房子里相聚的方式，然后再考虑各个房间与这一需求的关联性，这对于打造有凝聚力的家非常重要。

　　说起客厅，想必很多朋友的脑海中会浮现这样的画面：朝南的最大的一个房间，有大大的电视和软软的沙发……首先希望大家打破这一刻板印象。然后请回忆一下，平时是怎样度过与家人在一起的时光的。客厅是不是变成了放电视的房间？怎样才能打造出富有魅力的客厅，吸引家人时常聚在一起、共享欢乐时光呢？从这些出发，才能理清什么是最重要的。

这样的客厅家人满意吗？

你家的客厅是什么样子？家人喜欢聚在客厅吗？

客厅一定要放电视吗？

想必有很多朋友认为，客厅是以电视为中心，大家一起坐在沙发上看节目的房间吧？如果把电视搬走，总会觉得有点冷清；一直开着，又会影响家人之间的交流。

客厅是家人共享的收纳空间？

客厅作为全家人共享的空间，摆放着每个人的物品，很容易显得凌乱。不少家庭因为客厅的东西越来越多，于是今天添一个柜子，明天又添一个柜子，结果破坏了室内的整体风格，更显凌乱。

让客厅更有吸引力

除了提升客厅的舒适度，还可以采取其他办法让家人更愿意待在客厅：在客厅放一张长桌，家人可以在这里学习、工作；喜欢下厨、享受美食的家庭，可以将客厅与餐厅合一……请自由畅想，为你家打造有个性的客厅吧！

共享书桌

在客厅里设置一张大长桌，孩子可以在这里学习，大人可以工作，全家人便有了共处的空间。

为孩子留出一片小天地

在客厅设计双层空间，以梯子相连，孩子可以爬上爬下，一定会乐此不疲。

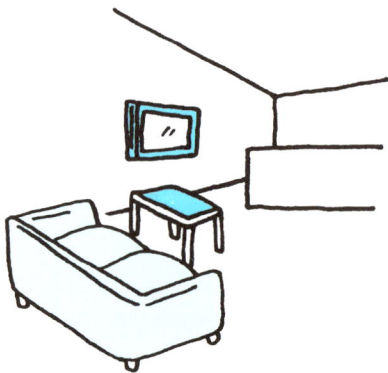

淡化电视的存在感

电视会夺走很多家人交流的时间，不妨把它放在客厅与餐厅之间，削弱它的存在感。建议装配可以调节方向的电视架，这样无论在客厅还是餐厅，想看时会很方便。

以餐厅为中心

喜欢美食的家庭，不妨以餐厅为主、兼具客厅功能，这样做饭时家人可以聚在一起，享受欢乐时光。

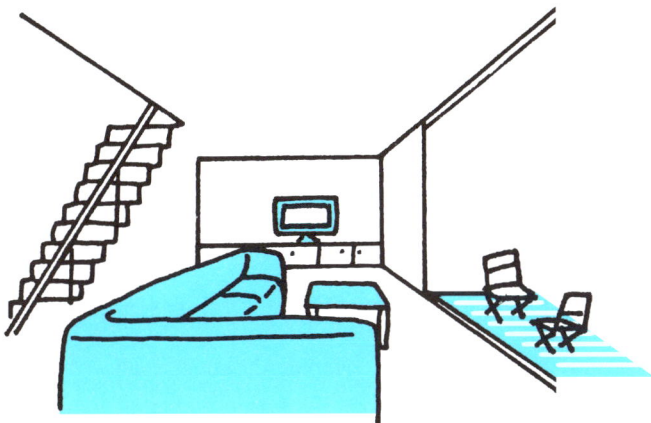

阳台与客厅相连

使阳台的地面与室内等高，方便进出。阳台的窗户可以开到直抵天花板的高度，淡化室内与阳台的界限。让沙发面对阳台，而不是电视，这样家人就可以一边感受四季的变化，一边温馨地聊天。

不必拘泥于固有的观念，
探索适合你家的风格吧！

厨房是各种功能的交汇处

厨房既是烹饪的地方，
也是家人聚集的空间，
承担着重要的功能。

如今，厨房不仅仅是准备三餐的地方，还是家人交流的空间，大有成为住宅核心的趋势。在某种意义上，厨房也是展示的空间。不过，不能仅根据你的审美和想象决定厨房的格局和布置，更应该注重它的功能性，否则会变得华而不实。

因此，我们首先要明确自家厨房最需要具备的功能，然后再决定具体的配置和格局。比如，通常是一个人做饭还是几个人一起下厨；招待客人时，是否介意客人进入厨房；由谁来收拾厨房，怎么收拾……如果能好好整理一下这些问题，制定个性方案，你家的厨房会非常好用。

此外，为了保证厨房的工作效率，常用厨房小家电的摆放、各种工具的精确尺寸等必须仔细确认。走一步够得着，还是一步半够得着，这些细节都会影响烹饪的节奏。

不要装修完了才后悔

下面介绍一些厨房设计中常见的失败案例，以免大家走入装修误区。

本想隐藏厨房的杂物，结果阻碍了与家人的交流

厨房与餐厅之间的隔断，可以隐藏厨房的杂乱，但如果高度不合适，就会破坏与餐厅的整体感。

水槽与餐具柜的距离太远

水槽与餐具柜距离太远的话，会影响工作效率。90cm 是比较合适的距离。

空间安排过于紧凑，反而会成为败笔

如果冰箱紧靠着墙壁，会导致冰箱门无法完全打开。另外，如果空间安排得很紧凑，将来换冰箱会受很多限制。

垃圾桶太占地方

为了方便厨余垃圾的分类，准备了几个垃圾桶。结果太占地方了，影响动线。设计时要考虑到这一点。

厨房设计的常规尺寸

厨房设计中有很多常规尺寸。了解这些基本常识，可以更好地规划厨房，避免许多问题。

厨房里的基本尺寸

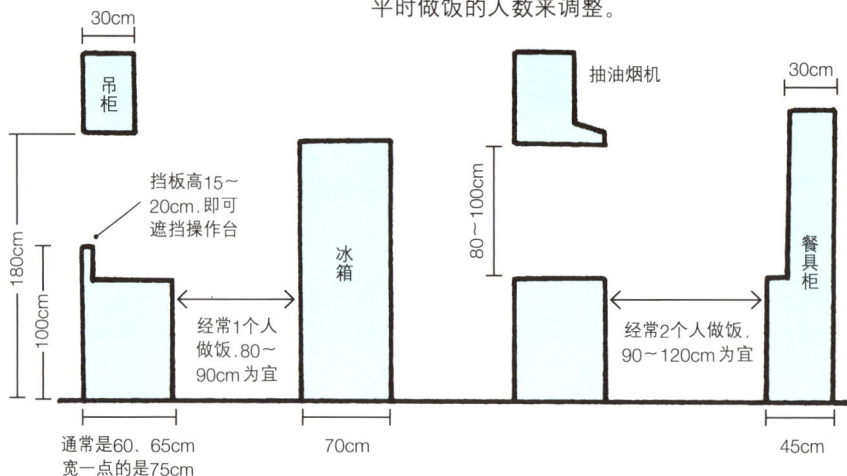

水槽的高度要根据使用者的身高决定。一般按照"身高÷2 + 5cm"的公式计算。水槽与背后的冰箱等电器、家具之间的距离，也要根据平时做饭的人数来调整。

吊柜
30cm

挡板高15～20cm，即可遮挡操作台

180cm
100cm

冰箱

经常1个人做饭，80～90cm为宜

通常是60、65cm
宽一点的是75cm

70cm

抽油烟机

80～100cm

餐具柜
30cm

经常2个人做饭，90～120cm为宜

45cm

理想的厨房大小

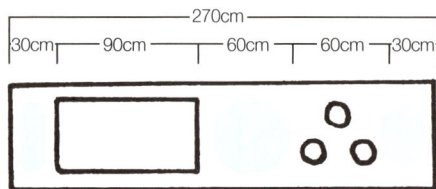

270cm
30cm — 90cm — 60cm — 60cm — 30cm

厨房有多个操作台，用起来会更方便。如果你选择定制厨房，建议在水槽下留出垃圾桶的位置。

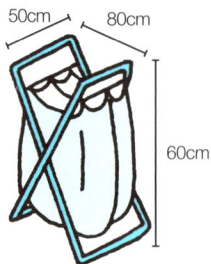

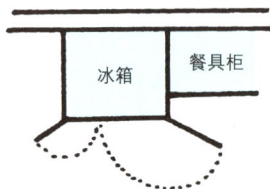

50cm 80cm
60cm

冰箱   餐具柜

冰箱的位置

想要完全打开冰箱门的话，与墙壁之间要多留一些空间。冰箱旁的餐具柜要比冰箱的进深浅一些，这样才不会妨碍冰箱门的开合。

厨房的宽度很重要

厨房的宽度直接影响厨房的整体布局。是配合理想的厨房决定宽度，还是以现有的宽度，尽可能打造理想的厨房呢？

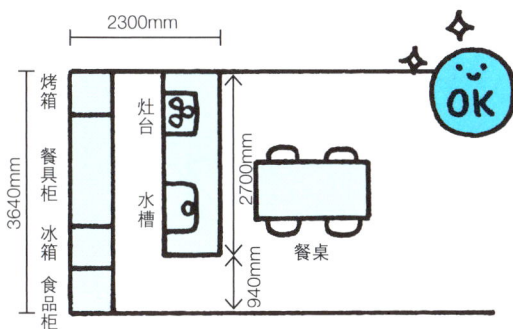

通常厨房的宽度是多少？

一个可以容纳所有必需品的厨房，宽度至少要保证 2 间（3640mm）。图中是操作台靠墙的对面式设计。

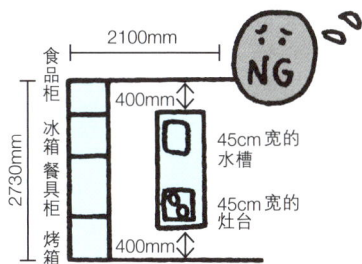

宽度不够，可以设计成岛式厨房吗？

厨房宽度只有 1.5 间（2730mm），设计成岛式厨房的话，两侧与墙之间的通道只有 40cm 宽，人无法通过。即使一边靠墙，也只能选择小型操作台。

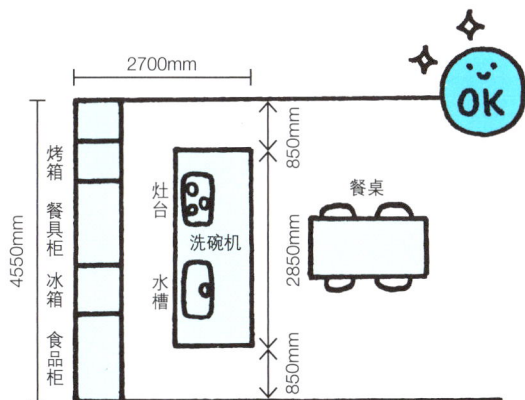

理想的开放式厨房应该多宽？

如果设计成开放的岛式厨房，2.5 间（4550mm）的宽度比较理想。操作台的两侧都可以通过，不仅方便，还能容纳多人同时准备料理。

用心规划每一寸空间，
打造出得心应手的好厨房。

用水空间一定要保持清爽

正因为面积小，
更要保持清爽。

人们通常会把客厅、餐厅等家人经常聚在一起的空间设计得宽敞一些，相应地，会想办法压缩浴室、洗漱间、衣帽间、厕所等空间。这些空间一般规划在北面背阴处，设施比其他房间更密集，容易显得冰冷而单调。此外，日用品、毛巾等物品聚集于此，常常让人烦恼如何整理，一不小心就将生活杂物暴露了……为此，我们要多花些心思，让这些空间保持清爽、整洁。

浴室是让人放松的地方，也是自我调整的空间，即使安装了整体浴室，也不代表万事大吉，还需要花一些功夫。比如，只有下半部安装整体浴室，上半部选择自己喜欢的瓷砖，在墙面和天花板上都安装灯具，窗外种上绿植，并用小射灯营造氛围，这样的浴室更令人愉悦。将洗漱间、浴室等清洁空间打理得井井有条，每天的沐浴、梳洗就变成了一种享受，生活质量也提高了。

向酒店浴室取经

酒店的浴室之所人让人心旷神怡，是因为使用了很多小技巧。家庭浴室的条件有限，但是我们可以学习它的精髓，选择性地模仿。

酒店的浴室

• 设计风格统一，干净利落。

• 多用玻璃等材料，整个空间明亮、宽敞。

• 光线柔和，营造出让人安心的氛围。

常见的家庭浴室

• 满眼都是琐碎的物品，显得杂乱。

• 收纳空间不足，东西摆得到处都是。

• 采用荧光灯照明，多了几分寒意。

让用水空间变得更有品位

当用水空间变成了喜欢的样子，每次洗漱都让你身心愉悦。如此一来，你会很乐意打扫，形成良性循环。

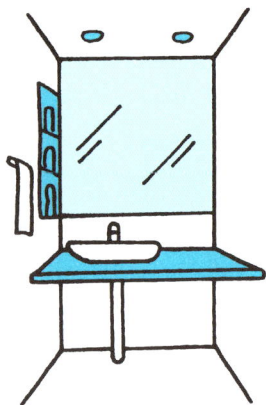

大镜子配上空无一物的洗漱台，看上去很宽敞

镜子贴满墙壁，显得空间大，视野开阔。在一片薄板上嵌入洗漱台，脚边的空间保持开放，整个浴室很简约。在一面墙上开辟空间集中收纳，能充分利用狭小的空间。

在瓷砖和洗漱台上下功夫

洗漱台贴马赛克，面盆选台下盆。台面下方分门别类地收纳各种物品，这样即使收纳空间是开放式的，也不会显得凌乱。

不用刻意分隔空间

不用单独隔出一间作为厕所，用半高的墙壁隔开即可。这样一来，厕所、洗漱台、浴室同处于一个空间内，缓解了局促狭窄之感。

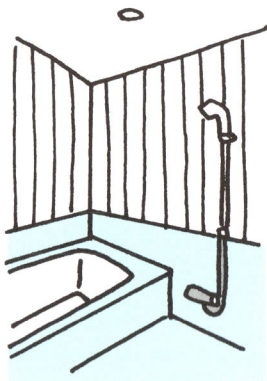

墙壁的材质要有讲究

下半部定制整体浴室，上半部贴自己喜欢的瓷砖或木板，把浴室打造成自己心仪的样子。

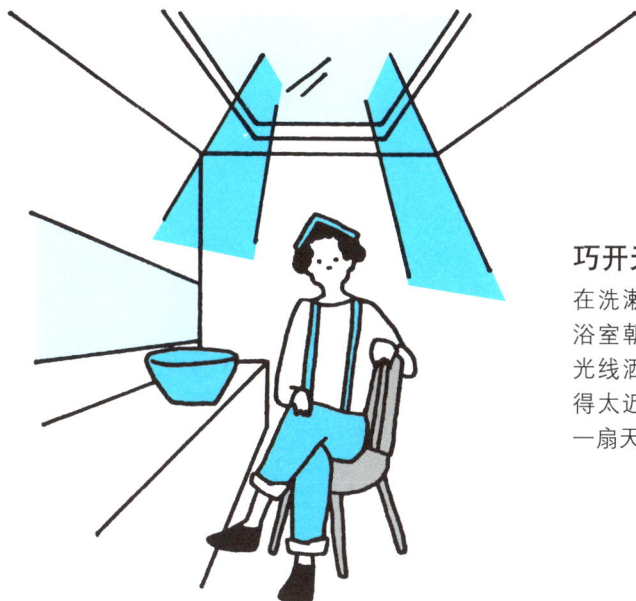

巧开天窗提升亮度和洁净感

在洗漱台上方开一扇天窗，即使浴室朝北，也会有稳定而柔和的光线洒落进来。如果与邻居家靠得太近无法对外开窗，也可以开一扇天窗代替。

利用绿植放松身心

想在泡澡时欣赏风景的话，不妨仔细规划一下绿植和开窗的位置。考虑到泡澡大多在晚上，绿植周围最好安装一些射灯，这样更有气氛。

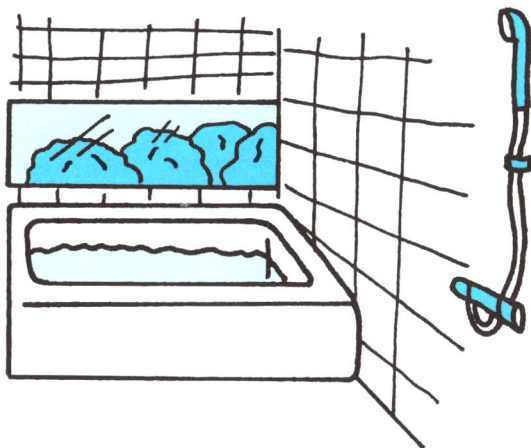

打造清爽、舒适的用水空间，
会让你的生活品质大大提高。

卧室的设计应该从父母的角度考虑

孩子总有一天会离开父母，独立生活。

　　不知道怎样设计卧室的时候，不妨想一想：谁会在这个家里一直住下去？孩子总有一天会离家独立，之后只有夫妻两人居住。因此，设计时应当以夫妻的卧室为主体。

　　夫妻俩的卧室应该选择离玄关较远、比较安静的房间。面积要大一些，除了睡觉，还要有休息放松、享受个人爱好的空间。装修风格应该偏向于令人安心的柔和色调，照明最好选择可调节亮度的灯具，或者间接照明。

　　儿童房要有一定的灵活性，最好采用可拆卸配置。如果采用固定上墙的家具，日后拆除或改装都很麻烦，房间很难改作他用。另外，为了防止孩子养成宅在房间里的习惯，建议把儿童房安排在离客厅近一些、方便视听沟通的位置。

如何选择儿童房的位置

儿童房的配置主要取决于父母想赋予孩子多大的独立性，儿童房彼此间的关系、个人房间与客厅的关系等也需要考虑。

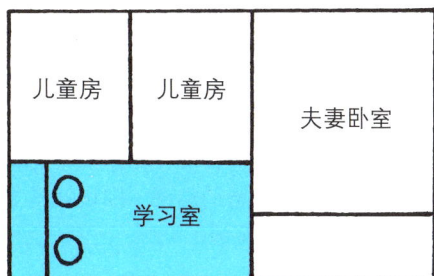

减小儿童房面积，扩大共享空间

尽可能压缩儿童房的面积，另外设置一个全家共享的学习室。学习室将来可作为夫妻俩的书房或享受个人爱好的空间，重新利用。

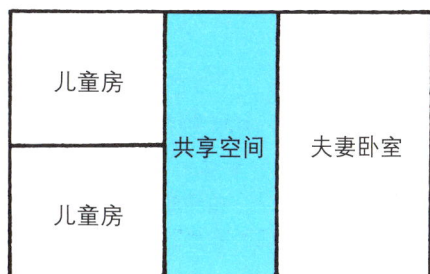

以共享空间为缓冲带

儿童房与父母的卧室之间，隔着挑高的多用途共享空间、中庭或阳台，这样既拉开了距离，又可随时确认彼此的状态。

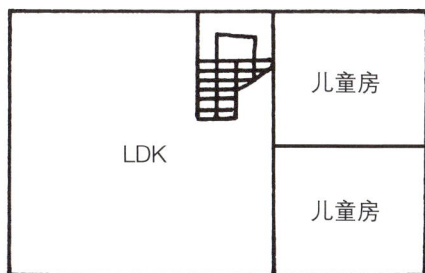

将儿童房设置在共享空间附近

将儿童房设置在LDK等共享空间附近，有利于孩子与父母交流，享受欢聚时光。将来孩子独立后，儿童房还可以改成夫妻俩的卧室。

随着孩子的成长，儿童房也要不断变化

固定在墙上的家具很方便，但是很难随着需求的变化来调整。如果想要灵活的设计，可以参考下图的方案。

0 岁～小学低年级

这个阶段，还不确定最终会要几个孩子，而且孩子还小，没必要分隔儿童房的空间，应该留出宽敞的玩耍空间。

小学～中学阶段

孩子的数量基本不会变了，这段时期孩子开始希望有独立的空间，可以用隔断等将空间分隔开。

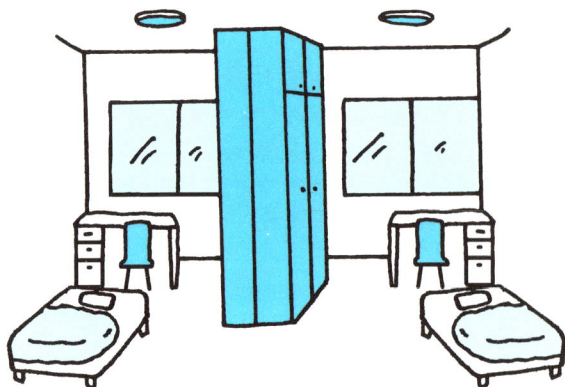

高中～大学阶段

孩子的个人物品越来越多，如果他们的生活方式不同，可以配两套家具，将房间分隔开。等孩子独立后，再恢复成一个完整的房间。

丰富卧室的功能

除了睡觉，还可以给卧室增加一些其他功能，让你的睡前时光更充实。

加一个迷你书房

睡前阅读一些自己喜欢的小说，看困了就可以躺下睡觉，非常方便。

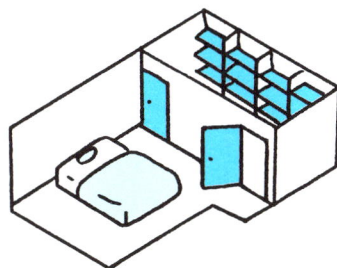

辟出一个衣帽间

卧室里有一个宽敞的衣帽间，就不会到处乱放衣服了。也不需要增添其他家具，干净又整齐。

设立一间独立浴室

作息时间与家人不一致的朋友，可以在卧室设计一个浴室。这样可以随时洗澡，很方便。

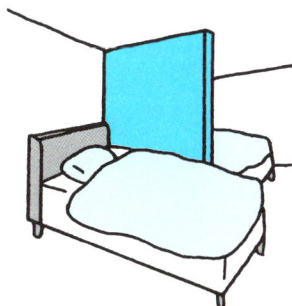

将夫妻俩的卧室分开

适合作息时间不同，或者重视个人空间的夫妻。老年夫妻可以做一个软隔断，以便随时确认对方的状况。

房间的规划应该以夫妻卧室为核心，
儿童房是阶段性的。

合理收纳，从审视自己的生活方式开始

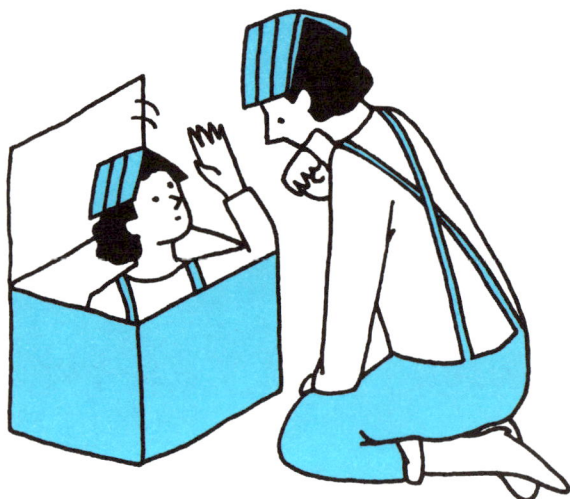

要解决收纳的烦恼，不仅要从整理方法入手，
更要从分析自己的生活方式入手。

收纳空间越多，生活就越方便吗？当然不是。生活方式不同，拥有的物品数量、种类就会不同。首先要弄清楚自己在生活中最重视的是什么。准备的收纳空间再多，却不符合自己的生活方式，这样的家住起来依然有很多不便。比如，喜欢户外运动，就要考虑运动用品怎么归置、从家里搬到车上是否方便；喜欢烘焙，就要考虑如何将种类繁多的烘焙工具收纳到厨房里，且方便使用……不妨把自己觉得目前最不方便的地方列出来。

明确了生活的重心，只要按照收纳的基本要点，即"使用场所、使用频率、使用者"规划即可。一般来说，独栋住宅的收纳空间约占整体容量的12% ~ 15%。完成住宅的基本规划之后，可以衡量一下你大概需要多少收纳空间。之后要做的，就是将家中的物品数量控制在一定范围内，以保证居住环境的长久舒适。

家里过剩的东西有哪些

家里最多的是什么？将物品分成 5 类，从每一类的数量就能看出生活的重心所在，试着画出你的"雷达图"吧！

喜欢囤食物的人

厨房配置一个食品柜，进深可以浅一些，以便一眼就能看清食物的存量和保质期。此外，温度相对稳定的楼梯下方、地板下的收纳空间也可以储存食物。

有很多衣物的人

考虑设计一个衣帽间，周围要留有一定的空间，以便能一目了然地看到衣物，及时检查、处理旧衣物。

有很多藏品或学习用品的人

把常用物品和特别收藏品区分开。不常用的物品放到不易存取的地方也没关系。可以好好利用阁楼。

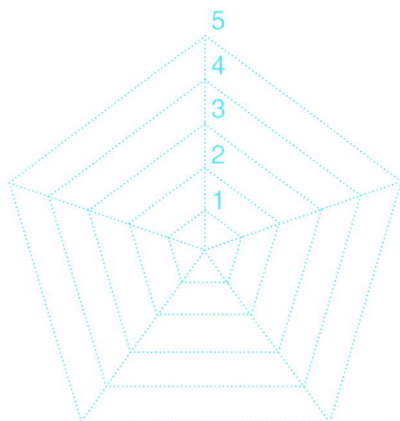

有很多餐具的人

除了日常使用的餐具柜，在厨房里侧再放一个专门收纳不常用餐具的柜子。但也要方便拿取，不然就变成闲置品了。

有很多日用品的人

在家人经常聚集的客厅设计一个稍大的收纳空间，或者在走廊辟出收纳空间。必须要方便所有人收纳，否则物品不能及时归位，很快又乱了。

标准的家庭收纳空间

一般来说，家中 12% ～ 15% 的面积用来收纳比较理想。下图是一个四口之家的收纳容量，天花板高度按 2.4m 计算。

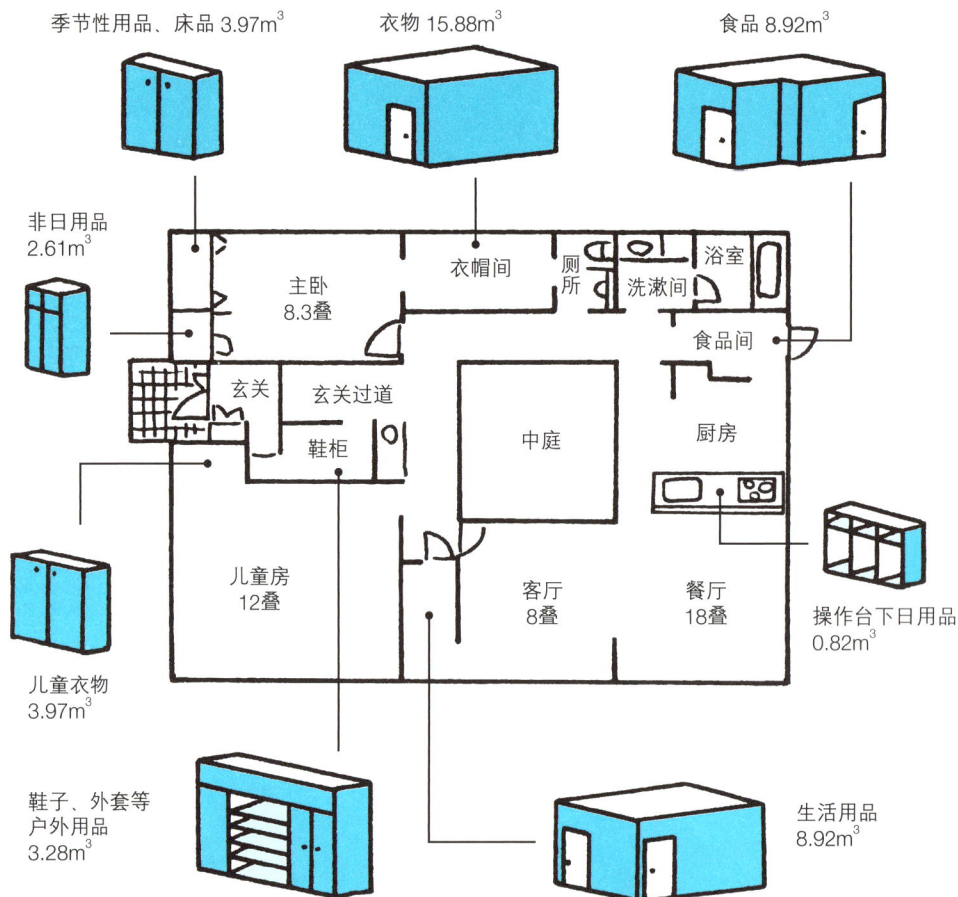

季节性用品、床品 3.97m³

衣物 15.88m³

食品 8.92m³

非日用品 2.61m³

主卧 8.3叠

衣帽间

厕所

洗漱间

浴室

食品间

玄关

玄关过道

鞋柜

中庭

厨房

儿童房 12叠

客厅 8叠

餐厅 18叠

操作台下日用品 0.82m³

儿童衣物 3.97m³

鞋子、外套等户外用品 3.28m³

生活用品 8.92m³

像这样的三室两厅（135m²，约 40 坪），收纳空间多大比较合理？
总收纳容量 =48.37m³（住宅总容量的 14.93%）。

你家预计留出多少收纳空间？

考虑动线的收纳更合理

收纳的动线效率提高了，家里就不容易乱了。建议将收纳空间打通，设计两个出入口，这样经过时可以迅速整理、存取物品，也可以当作另一条动线使用。

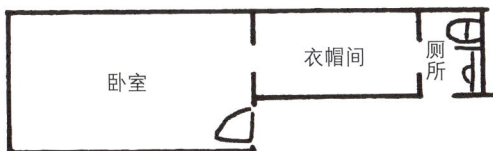

衣帽间连接卧室与厕所

将卧室通往厕所的过道设计成一个衣帽间。这样去厕所时不用经过阴冷的走廊，年纪大了也很方便。

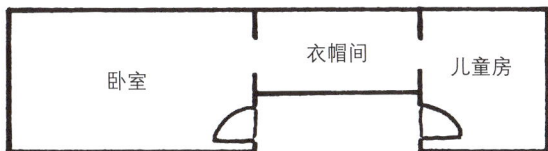

衣帽间位于夫妻卧室与儿童房之间

在夫妻卧室与儿童房之间设置一个衣帽间，可以集中收纳全家人的衣服。

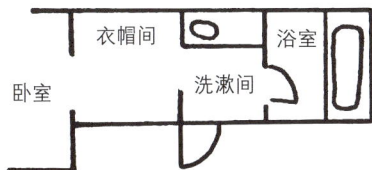

衣帽间连接卧室与卫浴空间

晚上按照"洗澡→更衣→就寝"的顺序，早上则是"起床→洗漱→更衣"，合理又方便。注意，卫浴空间要经常换气，以免湿气进入衣帽间。

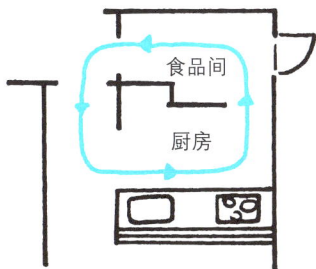

食品间的回游动线

食品间设计两个出口，出入厨房就更便捷了。出入口周围不要放太多东西。

找到适合自己生活方式的收纳方案，
是居家收纳的关键。

楼梯是格局的关键

楼梯相当于住宅
格局的腰部。

楼梯是格局的重中之重。楼梯的设计方案不仅影响家人之间的沟通方式，还会影响居住的心情、房间的大小。

一般情况下，一楼用作客厅等公共空间，二楼则是卧室等个人空间。也就是说，楼梯连接了家庭与个人，是开放模式与隐私模式的切换键。从构建良好家庭关系的角度来看，楼梯的连接方式非常重要。好的楼梯方案能促使家人之间的联系变得紧密。

此外，楼梯还有划分空间的作用。充分发挥这一作用，就能大大提升格局和空间的可塑性。

如果对楼梯的理解停留于上下楼的通道，那就太可惜了。设计时加入一些能带来新鲜感的元素、促进家人沟通的小布置，上下楼的过程就成了一种享受，整个楼梯空间也会变得生机勃勃。

注意，这些楼梯的位置不可取

楼梯可以设在下图中这些位置吗？设计楼梯时最重要的是考虑使用者的实际情况。

靠南的楼梯

靠南的楼梯虽然明朗舒适，但如果挡住了落地窗，出入时容易碰头，而且会影响室内的采光。

餐桌附近的楼梯

如果楼梯设置在餐桌附近，上下楼的声响会影响用餐的气氛，让人难以静下心来。冬天，暖气会沿着楼梯扩散，导致餐厅变冷。

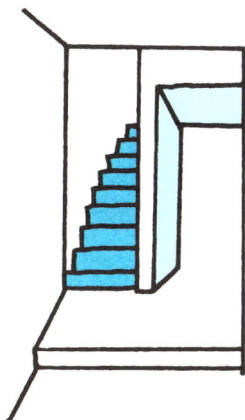

靠近门口的楼梯

上下楼梯时，如果家人正在门口与客人交谈，容易与客人碰面，如果穿着随意，想必会有点尴尬。

楼梯的位置决定格局

楼梯是影响动线的重要因素。楼梯在家中的位置，会极大地影响格局。

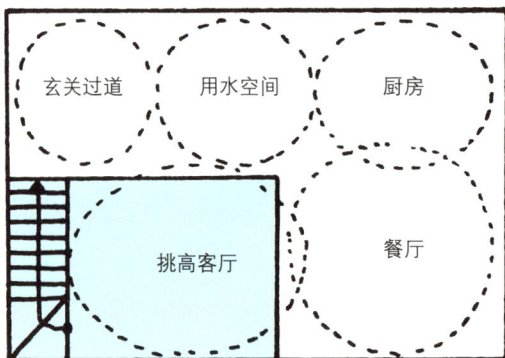

将楼梯与挑高客厅融为一体

将楼梯与挑高客厅整体考虑，加深纵向的开阔感，更显宽敞。

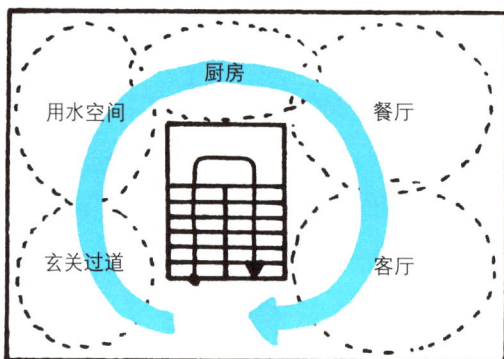

形成回游动线

将楼梯设在一楼中央，会形成一条回游的动线，可以缩短生活的动线距离。

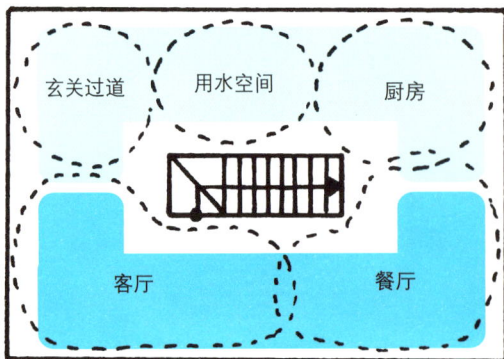

用楼梯划分空间

位于公共空间与用水空间之间的楼梯，区分了不同功能的空间。

让楼梯不仅仅是通道

花心思设计的楼梯，如果只有上下楼的功能，未免太可惜了。将楼梯一侧宽大的墙面设计成书架，转角的平台打造成小小的休息台，发挥创意，你的家会变得更出彩。

将楼梯一侧墙面设计成书架或装饰架

将楼梯旁的一面墙打造成书墙，可以随意挑一本书，坐在台阶上阅读。墙面很宽，富余空间可以展示一些个人藏品。

将楼梯转角平台设计成儿童空间

转角平台设计得宽敞一些，孩子可以在此玩耍。平台下方用来收纳。

将楼梯转角平台改造成游戏房

将转角平台改造成全家共享的小书房或游戏房。

充分利用楼梯的特性，
可以大大丰富空间的可能性。

打造富有魅力的墙壁

试试与墙壁对话吧！

日本的传统建筑以木柱、房梁为基本构造，并不重视墙壁。平安时代，人们用"蔀"隔开室外，既是墙壁也是门，后来演变成"袄（fusuma）"和"障子（shoji）"。或许正因如此，日本的住宅至今仍然只看重墙壁的功能性，忽视其观赏性。而西欧建筑以砖石为主要材料，墙壁占据了很大的视野空间。因此，西欧的装潢设计擅长发挥墙壁的作用，有许多值得借鉴的地方。如果日本的建筑能仿效西欧建筑，突出墙面的存在感，居住空间一定会更有魅力。

比如，墙壁前不放柜子，而是强调墙面本身，这样能给生活空间带来安心、宁静的氛围。如果墙壁位于视野的焦点，我们可以通过选材、配色等赋予其个性，使其富有内涵和张力，成为家里的一道风景线。相信你一定能打造出值得骄傲的墙壁。

日本建筑的墙壁与欧洲大为不同

日本的传统建筑由柱子与房梁构成，墙面很少。欧洲的建筑用石头和砖瓦砌成，没有墙壁就盖不了房子。所以，欧洲人很善于利用墙壁。

古代住宅

洞穴式的建筑，只有屋顶，没有墙壁。

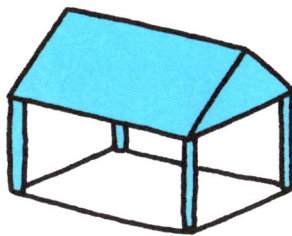

日本传统民居

柱子和房梁是重点，墙壁很少。

欧洲建筑的墙壁充满魅力

欧洲建筑由石头和砖瓦建成，墙壁是其构造的重要部分。在不影响建筑强度的前提下开窗，很有讲究。善于利用多面墙壁打造富有层次的空间。

不如人意的几种墙壁

没有好的墙壁，很难打造出舒心的空间。你一定不想要下图这样的墙壁吧？

墙壁很少的空间，让人没有安全感

墙壁很少，不仅很难配置家具，坐在沙发上也会觉得孤零零的。

外观不统一的墙壁

如果墙上的装饰和摆设没有处在同一水平线上，看上去散乱失衡，这样的空间无法给人安全感。

塞满物品的墙壁

如果满墙都是物品，缺乏秩序感，视觉信息会非常杂乱，容易让人觉得烦躁。

什么样的墙才是好墙？

好的墙壁有存在感，令人安心，能让空间富有戏剧性，甚至能给人积极的力量。

让人安心

宽阔的墙壁让人产生被守护的安全感。

温柔地隔开

将空间半隔开的墙壁，既能遮挡一些视线，又不会妨碍气氛的流转。

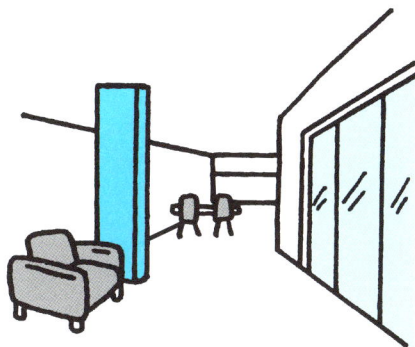

充满戏剧性

用有质感的材料铺成连续墙面，将人的视线引向深处，营造出富有戏剧性的空间。

充分发挥墙壁的存在感和作用，
让空间充满安全感。

我们需要的不是光线，而是光的质感

很多作家喜欢朝北的书房。

现代住宅大多直接引入光源，其实，直接光源会带来不必要的光和热。春夏时节，直射的太阳光会让人觉得刺眼、燥热，如果采用墙壁、天花板等的反射光，就舒服多了。很多作家、画家喜欢朝北的窗户，就是因为这个方向的光线变化较小，没有太多干扰。不妨试试采用反射光吧，它富有细腻的变化。不同季节、不同时刻，反射光会给室内带来微妙的光影变化，而且东南西北的反射光各有特点。我们可以通过调整屋檐和窗户的形状、大小、位置，巧妙地运用光线。另外，用途不同，需要的光线也不同，并非所有的房间都要保持相同的亮度。

日本雨水较多，人们常用宽大的屋檐来保护房屋免受雨水的侵蚀，但这也会导致室内光线较暗。于是人们用雪见障子（下半部分安装了玻璃的障子）、竹帘等引入光线，再利用白灰泥墙壁的反射作用使其扩散开来，营造出静谧的氛围。

光线的特性

窗户的方位不同，射进来的光线也不同，需要我们了解各个方向光线的特性，灵活运用，这样才能营造出舒适的室内环境。

东面的光
早晨是红色的，渐渐转为透明。

南面的光
强烈，令人感到刺眼。

西面的光
橙色，带有残余热量。

北面的光
稳定的白光，变化较少。

窗户的方位决定采光的方式

不同方向的光线具有不同的特性，窗户要采用合适的开法和材质。

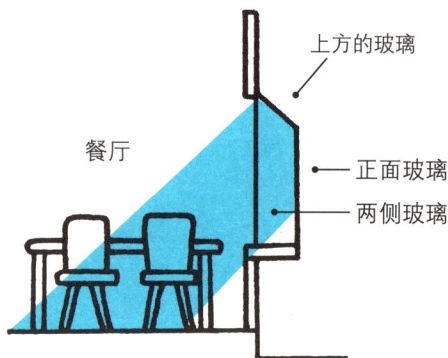

餐厅

上方的玻璃

正面玻璃

两侧玻璃

客厅

朝东的房间

和家人沐浴着晨光吃早餐，一定令人心情愉悦。可以采用飘窗引入光线。夏天，这个角度的光线较热，可通过窗帘调节。

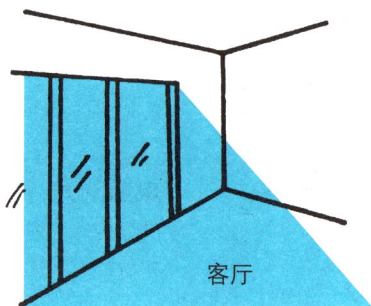

朝南的房间

朝南的客厅大多采用落地窗，但夏天光线过亮、过热，建议用遮光玻璃来保证空调的效果。

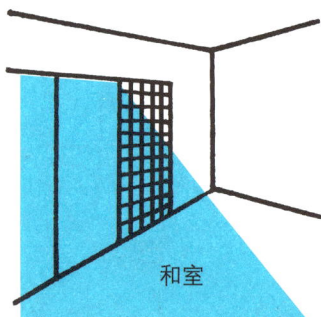

和室

顶光

卧室

厨房

餐厅

朝西的房间

冬天引入西边的阳光，有助于室内保温，但夏天室内会长时间处于高温状态，因此需要采用遮光玻璃。如果是和室，建议用双层障子减轻西晒。

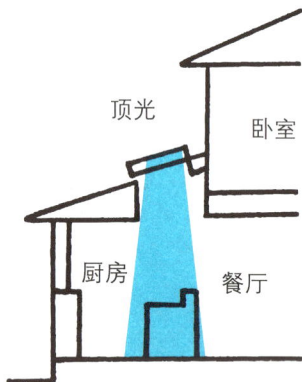

朝北的房间

从北侧照进来的光线，没有热度，给人安定而凉爽的感觉，适合厨房。此外，北侧的光线还给人洁净的感觉，也适合卫浴空间。

打造微妙的光影效果

拒绝单调的照明，试着利用复杂的阴影增强局部空间的明暗变化，打造出
微妙的光影效果，让室内空间更有深度，耐人寻味。

制造有明暗层次的光线

通过明暗对比，增加房间
的视觉进深。

扩散光线

利用曲面天花板，将射入室内的
光线扩散开来，让柔和的光线盈
满房间。

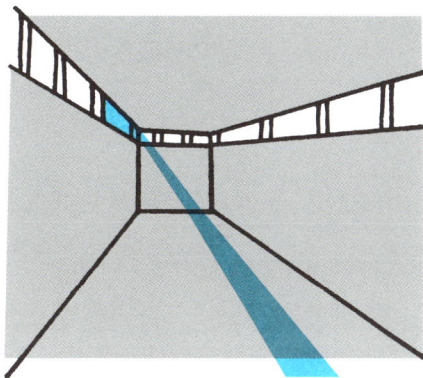

制造阴影

开一排天窗，引入的光线会随着
太阳的移动而变化，可以感受阴
影变化带来的美感。

了解光线的性质，充分利用，
为生活增添几分美感。

打造让人心安的照明环境

夕辉的颜色最让人放松。

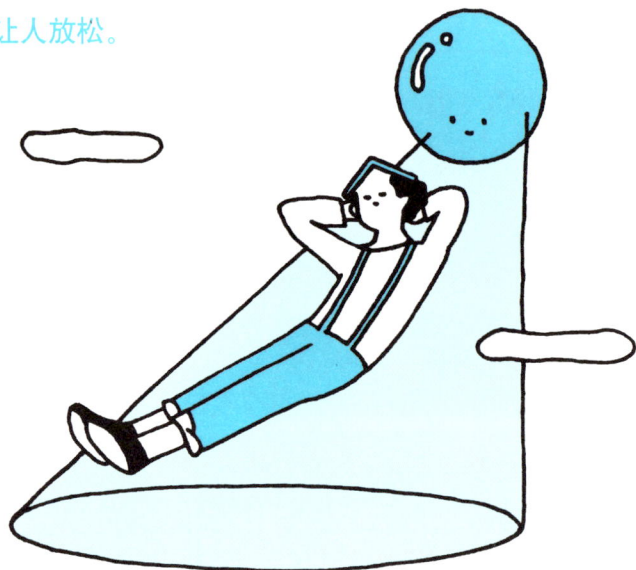

　　荧光灯、LED 灯冷色调的白光，有助于提神和保持理性，适合用于办公环境。而家是让人放松、缓解疲劳的地方，不适合太亮的光线。

　　此外，天花板中央的吸顶灯，除了可以照亮整个房间，没有其他效果。在照明设计中，最重要的是配合人的心理和生理状况打造光线。

　　间接照明等使用多光源的分散型照明设计，能够营造出高级餐厅、酒店般让人放松的氛围。光线有冷暖之分，选对色温①非常重要。比如晴朗的冬日，夕阳的色温是 3300 开尔文，将这种光线引入室内，会让身体以为一天的劳作已经结束，就此转换为休息模式。如果是书房，待在房间的人需要保持头脑清醒，这样的光线就不合适了。

---

①当光源发出的光色与"黑体"在某一温度下辐射的光色相同时，黑体的温度称为该光源的色温。色温越高，光色越冷。

只安装天花板照明就可以了吗？

一个房间，天花板上孤零零地挂着一盏灯，这种传统的照明方式，真的是最佳方案吗？其实，欧美国家已经不太使用天花板照明了。

如果只有顶灯

- 整个房间很明亮，气氛却像办公室一样，让人清醒、冷静。
- 适合学习、工作等环境，但不适合用来营造放松、休息的氛围。
- 空间没有层次感。

如果只有吊灯

- 不同的灯具，如果不注意平衡，会显得凌乱。
- 灯罩阻碍了光线到达天花板，使空间显得狭窄。
- 适合用在餐厅等需要集中光线的地方。

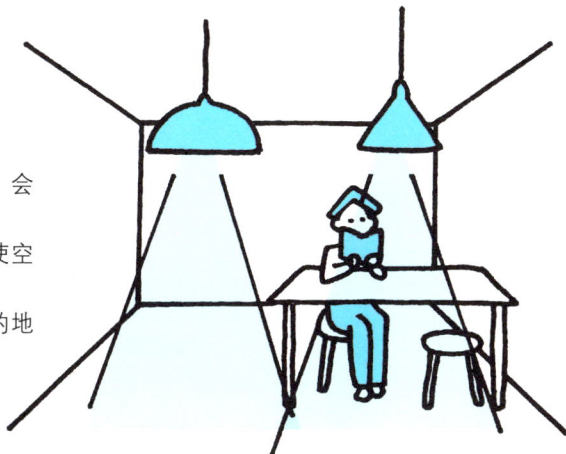

光也是有颜色的

自然光有各种各样的颜色变化。模仿自然光，人类发明了多种光色的电灯。
掌握一些基础的光色知识，对设计合理的照明很有帮助。

正午阳光

白色，与荧光灯中的昼光色相同。能给人带来活力，色温为 6000 开尔文。

月光

与荧光灯中的白色相同。让人觉得安宁、放松，色温为 4200 开尔文。

夕阳

红色调的光，与荧光灯中的暖白色相同。让人想休息，色温为 3300 开尔文。

自然光	夏天的光	正午阳光	日落 1小时后	日落 2小时后	日落时 西边的天空 (冬季晴天)	日出时的 天空
(K) 开尔文	7000	6000	5000	4000	3000	2000
人工照明	荧光灯 (昼光色)	荧光灯 (昼白色)	荧光灯 (白色)	荧光灯 (暖白色)	白炽灯	蜡烛

让人觉得安心的色温是3300K。

人工照明

白炽灯

有助眠效果，适合需要放松的场合。色温 3000K 左右，调光范围在 0 ～ 100%。

荧光灯

适合需要照亮整个空间的地方。颜色从昼光色到暖白色共有 4 种。有些可以调光。

LED 灯

适合不方便更换灯管或需要长时间照明的地方，也有色温较低的类型。有些可在 0 ～ 100% 之间调光。

照明，如此之多

这里就不列出常见的顶灯和吊灯了。希望大家多了解其他种类的灯具，根据需要灵活选用。

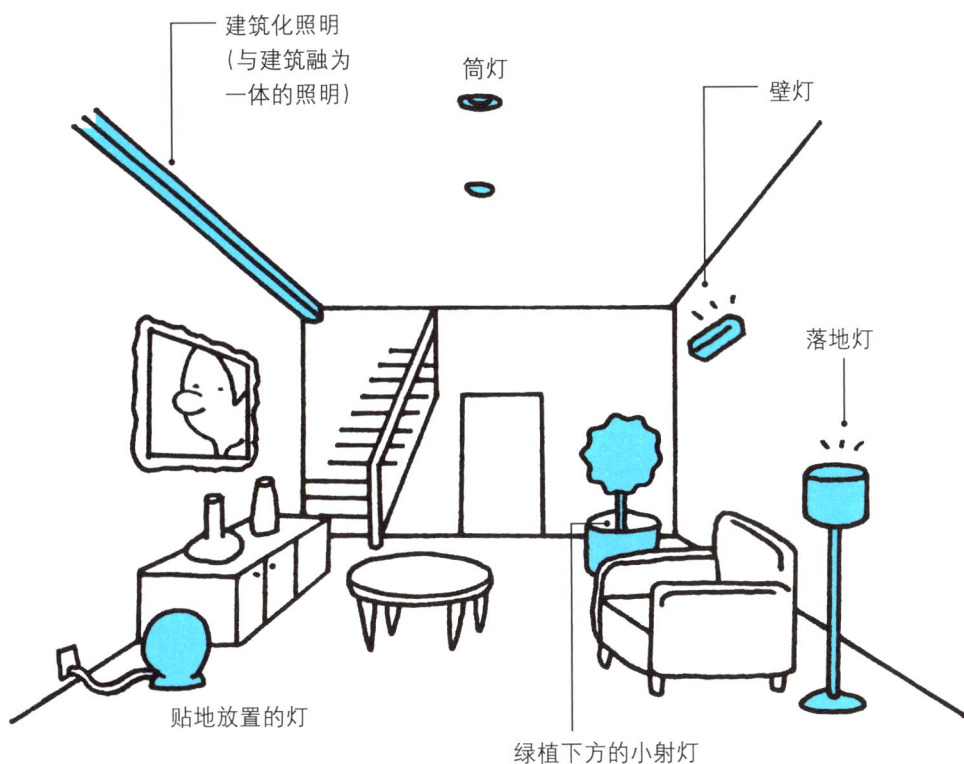

建筑化照明
（与建筑融为一体的照明）

筒灯

壁灯

落地灯

贴地放置的灯

绿植下方的小射灯

相比灯具本身，更重要的是照明环境呈现的状态。通过多种照明的组合搭配，可以营造出不同的氛围。比如，照射在地板等较低位置的灯光，最好选用色温较低的光源，能帮助你切换到休息模式。另外，为观赏性的绿植也打上一束光，能给家里带来一种度假般的轻松感觉。

为每一个房间，
规划最理想的照明方案。

住宅设计中的特殊要求

特殊要求

权衡个中利弊

想要一个宽敞的家

利用一些视觉、心理上的技巧，营造开阔感。

"既然要盖房子，当然要盖个大的！"人们普遍会这样想。这在郊区还有可能实现，但在价格昂贵的地段，你的预算恐怕只能买一小块建地，然后不得不配合建地盖房子。就这样放弃的话，未免太容易妥协了。其实，只要运用一些设计技巧，就算不能拥有大房子，至少能有一个看上去宽敞的家。

怎样才能打造出看上去宽敞的家呢？首先，不要把空间分割得太细。否则，家里随处都有墙壁挡住视线，让人觉得逼仄。建议大家尽量打通空间，实在需要墙壁的话，可以在墙上设计细长形玻璃窗或地窗，让视线尽可能地延伸，从而获得心理上的开阔感。

视觉上的统一也是让居住空间显得宽敞的秘诀之一，比如窗户的高度保持一致，不设窗框，等等。总而言之，尽量消除不必要的线条。

同样的面积，有的房子看上去很局促

太多墙壁造成闭塞感

想增加房间数量，于是将空间细分，结果多出了很多墙壁，阻碍动线和视线，让人感觉狭窄、压抑。

水平线高低不齐

窗户、室内门等水平高度不一，达不到整齐划一的效果，在视觉上给人以压迫感。

材料缺乏统一感

地板、墙面、天花板使用的材料种类过多，也会导致缺少统一感。另外，如果质感、颜色、花纹等各不相同，视觉信息太繁杂，也会让人烦躁不安。

让房子看上去更宽敞

利用一些心理上、视觉上的呈现技巧，同样面积的房子看上去就会宽敞许多。

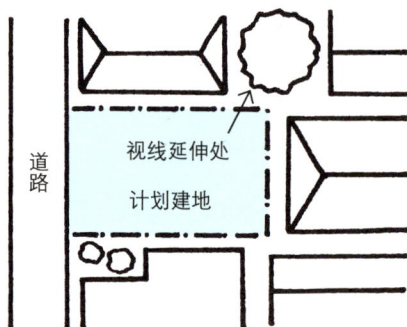

发挥建地的优势

观察建地周围的环境，确认邻居家有没有庭院等开放的空间，有的话，从哪个方向可以借景，就在那个方向设计窗户。

道路

视线延伸处

计划建地

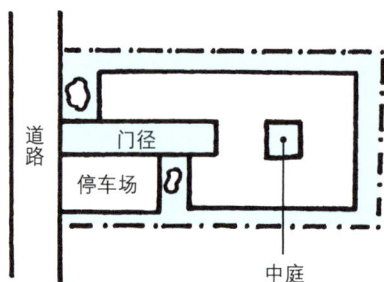

道路

门径

停车场

中庭

利用建地长边延伸视觉

如果建地是细长形，可以利用长边的距离，将通往玄关的门径设计得长一些，并通过摆放绿植等方法，制造进深感。还可以通过中庭等设计来延长视线。

在视线的尽头花些巧思

在视线的尽头，装饰令人愉悦的物品，缓解闭塞感。

细长形窗户

利用细长形窗户采光，或者让室外的绿植进入视野，尽可能延伸视线。

壁龛

墙上设计一个壁龛，摆放一些漂亮的小物，给人带来视觉享受。

射灯和画作

墙上挂一幅画，并用小射灯打光，可以引导视线延伸，加深视觉深度。

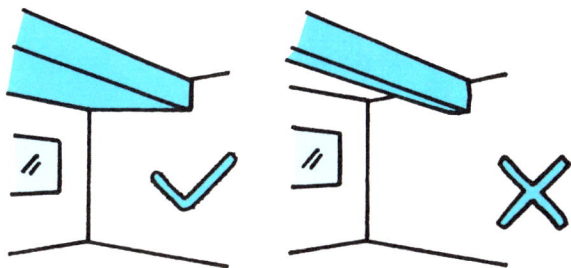

垂壁

垂壁不会分隔空间，反而会赋予空间连续性，使其看起来更宽敞。不过，它会增加额外的线条，阻碍视线的流畅度，所以，尽量不要设计垂壁。

墙面收纳要在视线高度处留白

从地板一直到天花板的墙面收纳柜，会给人压抑感和视觉上的狭窄感。不如将与视线平行的中间一段空出来，设计成上下两部分。注意，上下柜门的接缝一定要对齐。

85cm

150~
160cm

窗户也有玄机

窗框也是阻碍视线的因素之一，设计时要注意隐藏窗框。比如用墙壁遮住3边窗框，只露出1边，看上去会利落很多。此外，如果窗户高矮不一，对齐窗框的下沿或上沿即可。

让空间看上去宽敞的秘诀，
就是让视线尽可能地延伸，减少阻碍视线的线条。

在条件很差的建地上盖房子

化劣势为优势。

　　住宅的形状和容积，受建地的形状、高低差、周边环境、是否邻街、日本的建筑基准法等影响。如果是一块矩形建地，且面积有保障、地形平整，规划设计会比较容易，但想必价格不低。

　　相反，条件不太好的建地，价格会便宜很多，省下来的钱可以用在房子的建造上。如果能好好利用建地的特点，因地制宜地设计一番，或许能打造出独一无二、别具魅力的房子，变劣势为优势。

　　高低落差大、周围建筑挡光、通风不良、形状不规则……遇到条件差的建地，也不要轻易地将它从你的备选中剔除，试着与资深的建筑师谈一谈，也许会发现新的可能，收获意想不到的方案。

条件很差的建地类型

难以建造住宅的建地、周围环境很差的建地……越是这样的建地，越考验建筑师的功力。

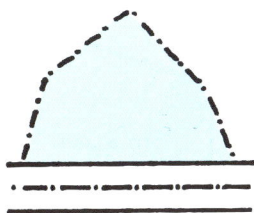

不规则建地

顾名思义，建地的形状不规则，既不是三角形，也不是梯形、矩形，会影响建筑的外形。

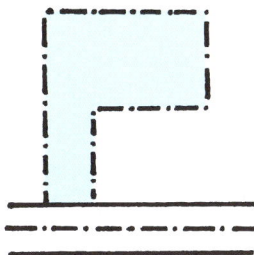

旗杆型建地

由袋地①和一块细长的与公路相接的建地组成。看上去像一面旗，因此得名。

倾斜型建地

斜坡上的建地。倾斜度超过 30 度，称为陡坡建地，30 度以下叫一般倾斜型建地。

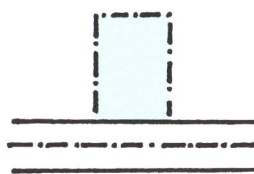

狭小的建地

指面积小于 15 坪的建地。其中大多数是不规则建地，比周围的建地便宜。

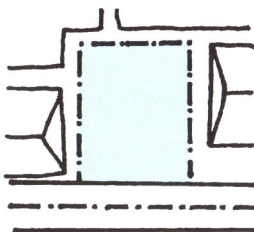

密集型建地

周围建有大量木造住宅。发生地震、火灾等灾害时，损失会比较大。

建筑规范比较严格的建地

建蔽率、容积率②、斜线限制（见第 121 页）等建筑规范比较严格的建地。

请确认以下要点

①方位和日照、日影条件 (季节、时间段不同，情况也不同)
②建地本身的高低差
③与道路相接的宽度和建地横宽
④邻地的状况，可以远眺的角度
⑤与邻地之间的高低差，邻家的窗户位置

---

①周围被土地环绕、不通公路，价格因在公路附近受影响。
②建蔽率是建筑占地面积与建筑基地面积的比值，容积率是总建筑面积与建筑基地面积的比值。

如何化腐朽为神奇

引入光与风的技巧

就算是周围建筑密集，或者位于北侧斜面的建地，只要运用一些技巧，仍然可以引进光和风。

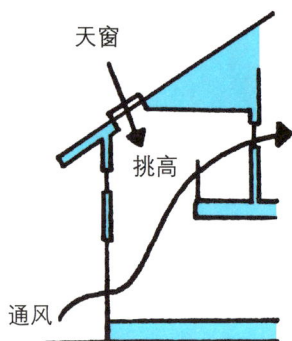

天窗、挑高

1 层采光不好的话，可以通过开天窗，将光线和风引进来。

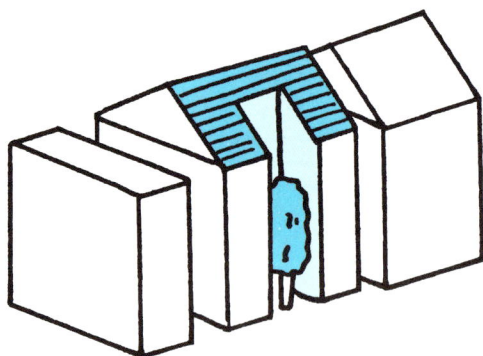

中庭、嵌入式中庭

打造中庭，引入光和风。就算是朝北的一侧，也能获得采光。

1、2 层互换

如果 1 层实在难以采光，干脆将 LDK 设在 2 层，即可拥有采光充足的共享空间。

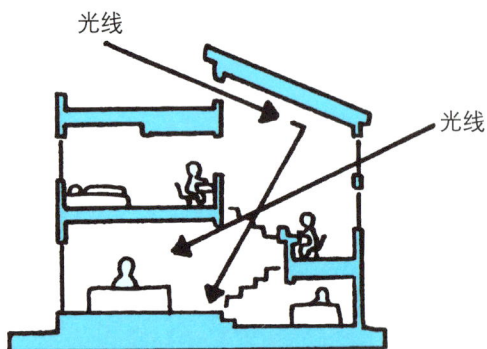

错层结构

从上方或高窗引入光线，利用错层结构，就能跨越楼层，照亮深处。

追求极致

通过一些技巧，可以在不违反相关法律法规的前提下，尽可能地扩大住宅面积、尽量多地引入光线。

阁楼：
天花板高度低于 1.4 米，面积小于下方楼层面积的 1/2，就可以视为阁楼，不计入使用面积。

室内车库：
不超过建筑面积的 1/5，不计入使用面积。

地下室：
不超过建筑面积的 1/3，不计入使用面积。

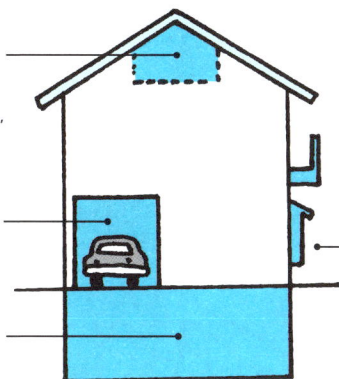

巧妙利用建筑基准法要求宽松的地方！

飘窗：
伸出外墙的宽度不大于 50cm，且需高于地板 30cm 以上。如果墙面的 1/2 以上是窗户，飘窗可不计入使用面积。

如果顶层设计比较贴合斜线限制，顶层边缘的层高很低，不如把它打造成收纳空间，以免变成死角。

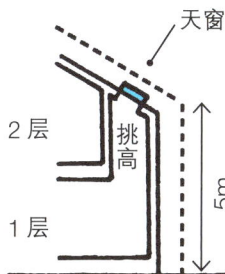

2 层 / 收纳 / 1 层

天窗

2 层 / 挑高 / 1 层 / 5m

如果顶层设计比较贴合斜线限制，层高很低的部分索性和 1 层打通，这样既保证了 1 层的采光，也更开阔。

什么是北侧斜线限制法？

为了确保北侧建地的采光与通风，限制南侧建筑高度的日本法律。具体是指在自家与邻居家的分界线向上 5m 的地方，从正北方向以 1.25：1 的角度倾斜的斜线（适用于第 1 种、第 2 种低层住宅专用地域）。

> 条件差的建地，只要精心设计，
> 一样可以打造出舒适的住宅。

想要一个能高效做家务的家

每一个家庭成员
都是主角。

有家就有家务，这是每个人都要面对的。如果所有的家务都由一个人承担，未免太过繁重。每一个家庭成员都了解家务的流程和其中的辛劳，齐心协力分担家务，这才是保持整洁的捷径。合理地设计家务动线，全家人都能便捷地生活。

不想为家务所累，流畅、高效的动线方案是基本条件。以洗衣服为例，"洗衣→晾晒→收取→折叠→收纳"是一整套流程，规划方案时，需要一边想象人的活动，一边确认动线。符合自己与家人的生活方式的动线，能显著减轻家务带来的压力。

此外，在客厅、餐厅、厨房或洗漱间的一角，开辟一小块空间用来熨衣服、收纳书本，也非常重要。有了它，可以同时料理多项家务，有效利用碎片时间。

让做家务变得高效的秘诀

每天都要做家务，能愉快地完成自然再好不过。在设计上多花一些心思，就能有效地减轻家务负担，改善心情。

设计出简洁的动线

设计格局时，要确认好做家务的动线，尤其是玄关⇔厨房、用水空间⇔厨房、用水空间⇔晾衣处的动线。

用心设计用水空间

将经常做家务的地方，比如厨房、洗衣间等设计得近一些，同时做多项家务时，往返会比较方便。

创造轻松做家务的环境

一边听音乐一边做家务，或者一边玩电脑一边做家务……总之，为自己创造一个可以边享受边做家务的环境。

留一块随心使用的空间

留出一块家务角或榻榻米角，可以灵活应对多种家务需要。

设置一个家务角

放一台电脑方便查看菜谱，收纳熨衣板方便熨衣、缝补……有一个小空间，可以集中完成很多家务，非常方便。放一个置物架，还可以整理收纳各种邮件、孩子们的书、家电说明书等。

在榻榻米旁

家务角的旁边，如果有一个用途广泛的榻榻米角，收完衣服可以在这里叠好，在家务角熨衣服时，也很方便。

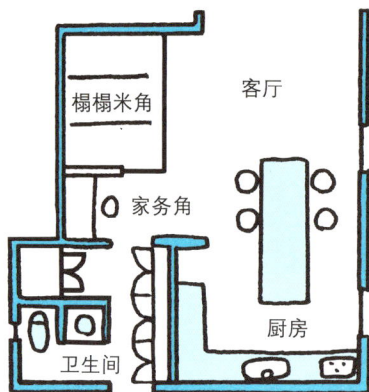

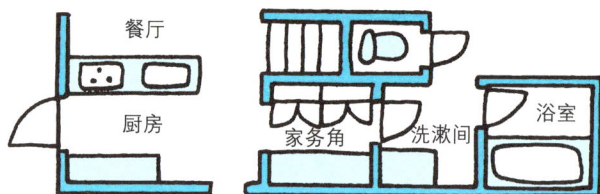

位于洗漱间与厨房之间

在厨房与洗漱间相连的直线上，设置一个家务角，可以缩短动线，少走一些路。

靠近客厅、餐厅、楼梯的地方

在客厅与楼梯的中转点设立一个家务角，妈妈做家务时可以让楼上的孩子听见自己的声音，就像是一个监督孩子的司令台。

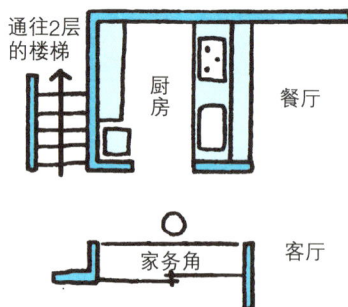

有助于提高家务效率的格局设计

设计侧门，方便搬东西、扔垃圾

在便于出入的地方，留一扇侧门，搬运东西省时省力。如果能离车库近一些就更好了。每天扔垃圾也很方便，不用绕道正门。

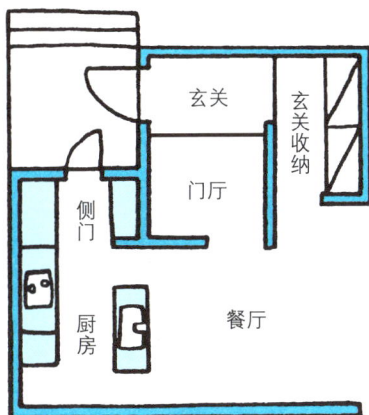

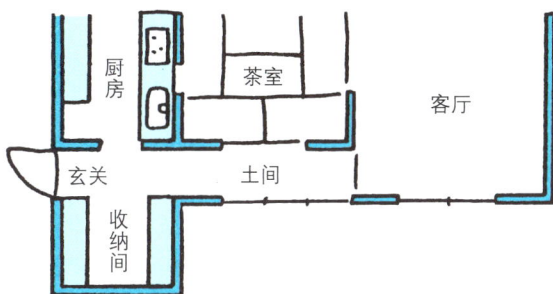

玄关

玄关收纳

门厅

侧门

厨房

餐厅

厨房

茶室

客厅

玄关

土间

收纳间

利用玄关与厨房的距离优势

如果能从玄关、土间直接进入厨房，搬运买回来的物品就方便多了。此外，在土间附近设立一个收纳空间，可以轻松地将户外婴儿车、玩具等收纳好。

活用过道

如图，在儿童房与阳台之间设计一个过道，装上晾衣杆，下雨天也可以晾衣服。

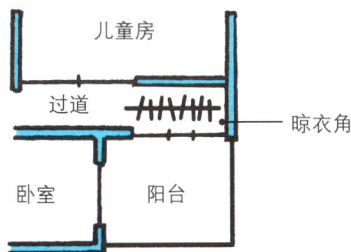

儿童房

过道

晾衣角

卧室

阳台

动线短、设计合理，
做家务更轻松、高效。

125

希望家里有个中庭

使用者不同，中庭扮演的
角色也不同。

采光不理想的话，可以考虑中庭采光。另外，在人口密集地区，中庭既可以带来开阔感，又可以保护隐私。被墙壁环抱的安全感、舒适的氛围、良好的通风……中庭是个富有魅力的空间。

中庭的作用取决于与它相连的空间。如果与餐厅或客厅相连，中庭相当于室内的延伸空间，可以作为多功能空间自由使用；如果面对着卫生间，很适合作为放松休息的场所。还可以引入绿植，美化空间。

有中庭的住宅，不同于四四方方的普通住宅，增加了许多墙壁与窗框，造价会提高不少，但它带来的愉悦感和生活品质的提升，会让你觉得物有所值。

充分了解中庭的优缺点

中庭的优点

- 引入自然光。
- 保护隐私的同时，引入外部空间，延伸了室内空间。
- 窗户增多，通风更好。
- 朝北的房间也可以很明亮。

需要注意的地方

- 构造要有一定的强度。
- 窗户增多，容易散失热量。
- 湿气较重。
- 动线变长。
- 大雨天可能积水。

中庭适合的情况

- 人员来往频繁的地段。相比面朝马路的庭院，中庭更能保护隐私。
- 建地狭小，采光较差。
- 周围住宅密集，需要保护隐私。
- 两代人住在一起，希望互不打扰。

选择合适的中庭类型

建筑与中庭的位置关系，取决于周边环境和你对中庭的需求。

〈L 型〉

• 中庭位于东南侧，采光最好。
• 如果中庭位于西南侧，夏天要注意防止西晒。
• 便于规划通风方案。
• 光线可以照射到住宅深处。

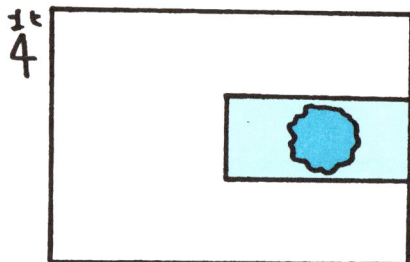

〈C 型〉

• 南侧无法采光时，可以用这个方案引入东侧的光线。
• 南侧设计成单层，中庭会很明亮。
• 既能保护隐私，又能连接外界。
• 如果中庭在西侧，冬天的阳光很充足。

〈O 型〉

• 可以最大限度地保护隐私。
• 四周被包围，有安全感。
• 4 个方向都可以进出庭院。
• 4 个方向都有采光。

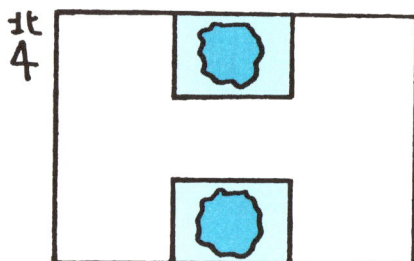

〈H 型〉

• 既有南侧炽热的光线，又有北侧温和的光线。
• 两个中庭可以有不同的用途。
• 外墙较多，造价高。
• 房间面积会减少。

中庭的角色取决于相连的空间

与中庭相连的空间不同，中庭扮演的角色也不同。

与共享空间（LDK）相连

与客厅相连的中庭，可以作为户外用餐场所。也可以在这里会客、种绿植。

与隐私空间（卧室、儿童房）相连

这样的中庭像是家人的秘密基地，充满私密氛围。有围墙的话，可以不修边幅地自由出入。

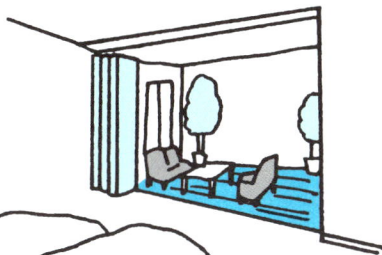

与卫浴空间（浴室、洗漱间）相连

如果浴室、洗漱间面对着有围墙的中庭，可以设计大大的玻璃窗，享受开阔明亮的卫浴环境。不仅采光、通风条件优越，还可以晾晒内衣。

设计一个中庭，
能大大扩展住宅的可能性。

想要一个有挑高空间的家

空间只要足够开阔
就可以了吗？

　　挑高空间是指楼上楼下连通的空间，具有单一楼层没有的开阔感，而且楼上楼下的交流也很方便。此外它还是一种增强空间的立体感与表现力的建筑手法。

　　那么，是不是天花板越高，空间越开阔，住起来就越舒适呢？也不尽然。比如，对于一层来说，天花板过高，会让人难以在水平方向上感受到开阔感，左右的墙壁会给视觉造成压迫感。而且，楼下的气味（油烟味等）、声音也会影响到二层；冬天，暖空气容易往二层跑，导致一层寒冷。这些问题要提前考虑好解决办法，否则会影响挑高空间的舒适度。

　　还有一点也很重要，作为房子的主人，要想清楚为什么打造挑高空间。是为了追求开阔感，还是为了方便楼上楼下沟通？目的不同，天花板的高度、形状等一系列设计元素也会随之改变。

挑高空间也有意想不到的烦恼

挑高空间让人烦恼的细节

暖空气上升

冬天，温暖的空气总是往上走，在一层待着容易着凉。

冷空气沉降

窗边寒冷的空气比空调暖风重，会沉降，导致地板很凉。

电视声、人声嘈杂

只看设计图感觉不到，入住后才能体会到。

照明与窗户维护不便

想更换天花板上的灯泡很困难。擦洗高处的玻璃也是难题。

天花板越高，心情越好?

天花板高，顶部的空间增加，更容易感受到纵向的开阔感，但水平方向的开阔感会被忽视，左右墙面也会造成视觉上的压迫感。

挑高空间的常见样式

追求玄关的视觉效果

玄关决定住宅的第一印象，一个开阔的挑高玄关会给来访者留下非常深刻的印象。

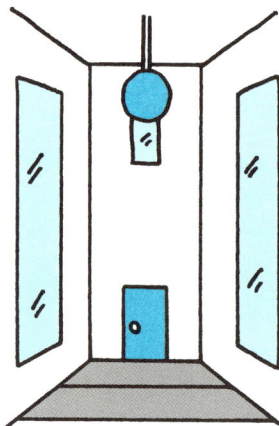

让客厅更舒适

倾斜天花板

倾斜天花板搭配挑高结构，能引导人的视线沿着天花板看向天窗外。

2层卧室　水平天花板

水平天花板

水平天花板会让人觉得被一个巨大的空间包围，既有开放感，又有安全感。

打通上下层的挑高空间

打通的空间让楼上楼下可以轻松互动，同时起到软隔断的作用。

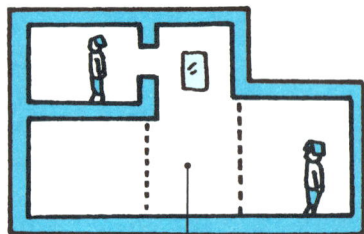

起到软隔断的作用

弥补挑高空间的缺陷

增强密闭性和保暖性

采用优质保暖建材和有效的保暖方法，提高住宅的保暖性，减少暖气流失。使用保暖型窗框，效果更好。

利用家电设备来弥补

比如，利用吊扇让室内空气充分流动，减少上下楼层的温差。安装电力或温水式地暖，让暖气从地板温暖整个空间。建议设置一个天然气阀门，这样以后增设其他暖气设备很方便。

解决油烟和噪音问题

为了避免厨房的油烟味进入其他房间，要合理安排室内换气或排气设备的位置，引导空气流通，防止气味扩散。此外，1层窗户较多的话，会导致噪音传向2层，建议铺设吸音板来解决。

明确打通楼层的目的，弥补缺陷，
才能安心享受挑高空间的开阔感。

想要一个环保的家

环保必须和肉眼看不到的物质战斗。

    想必有不少朋友想要住进对环境影响较小的环保住宅吧？或者说，节能环保已经成为人们的共识。很多人希望能结合当地的气候、水土、建地条件和自己的生活方式，充分利用自然资源，打造环保的家。

    环保住宅追求的基本性能指标，包括保温、日照、通风等，尤其注重巧妙地控制日照，这是非常重要的节能方法。

    控制这些指标的方法大致有两种，一是利用太阳能、风力等自然资源的被动式设计，二是利用机器设备的主动式设计。两者各有利弊，前者可以让人感受到大自然的变化，以及不稳定的舒适感，后者适合追求稳定舒适感的朋友。

    利用这些方法应对酷暑严寒，在细节上下功夫以减少能源消耗，或许这样的生活理念才是环保住宅的核心吧！

打造善于利用能源的家

一个环保的家，应该尽可能地减少对大自然的影响，社会上对环保的要求也越来越高。

是否依赖设备

不依赖设备

利用太阳的光与热、风的流动等，调节室内的温度和湿度。窗户的大小和位置是关键。

依赖设备

借助太阳能电池，或者通过太阳光集热器＋排风扇等设备利用太阳能，可以达到一定的舒适度，但设备的成本很高。

衡量住宅是否环保的 7 大指标 ☑

☐ **隔热性** …………………… 是否具有良好的保温隔热性能？

☐ **密闭性** …………………… 能否有效防止缝隙透风？

☐ **调节日照** ………………… 能否实现夏天可遮阳，冬天也有充足的阳光？

☐ **蓄热性** …………………… 是否采用了具有蓄热功能的建材？

☐ **通风性** …………………… 窗户的位置与大小能否保证通风？

☐ **热能损耗** ………………… 能否在保证换气的前提下减少热量散失？

☐ **环保建材** ………………… 建材废弃以后，会不会造成环境污染？

与大自然和谐相处

控制日照，是环保住宅必须考虑的问题。冬天有充足的阳光温暖房间，夏天尽量减少日照，这对建筑设计的要求很高。

夏冬两季的太阳高度相去甚远

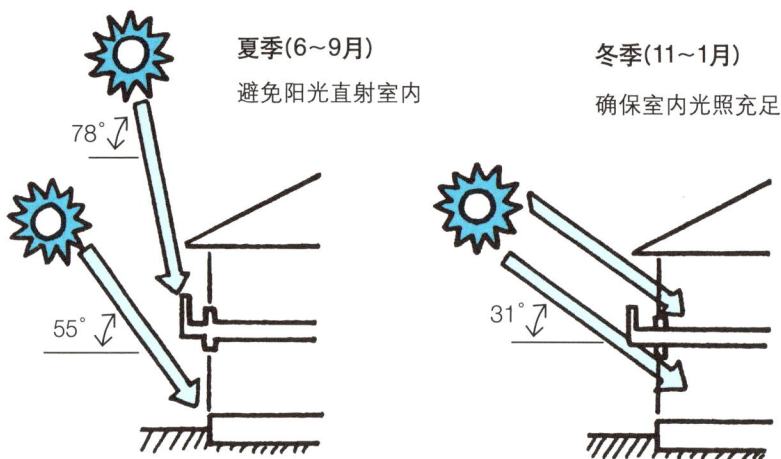

夏季(6~9月)
避免阳光直射室内

冬季(11~1月)
确保室内光照充足

78°

55°

31°

夏季（6～9月）的 11～13 点是一天中气温最高的时间段，太阳高度在 55°～78° 之间。屋檐、门廊的宽度最好在 75～90cm，这样既能保证遮光效果，也不影响冬季采光。

冬至的太阳高度

为保证冬季的采光，与相邻住宅的距离不能小于 6 米

冬至是一年中太阳高度最低的一天，这天东京一带的太阳高度是 31°。朝南的两层建筑，要想 1 层在冬天也有阳光，与相邻住宅的间距至少 6 米（与相邻建筑的高度也有关）。

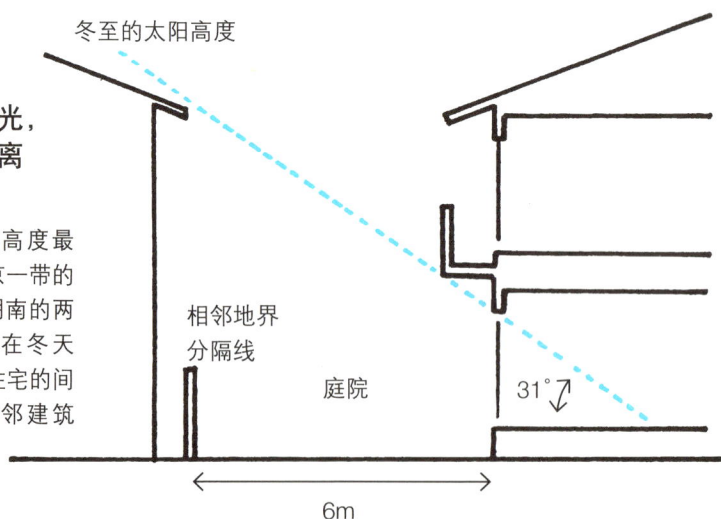

相邻地界分隔线

庭院

31°

6m

环保的家是什么样子

环保的家能够合理地利用太阳能、空气对流等自然资源，有效减少能源消耗。

将环保理念融入住宅设计

- 避免将空间分割得过细，保证夏天通风良好。
- 南侧设置一扇大窗户，保证冬天能有足够的光照和太阳能。
- 北侧设置窗户，确保夏天的通风，以保持凉爽。
- 精心设计屋檐、门廊、露台等，减少夏天的日照。
- 多从大自然中取材。

借助自然之力打造舒适的家

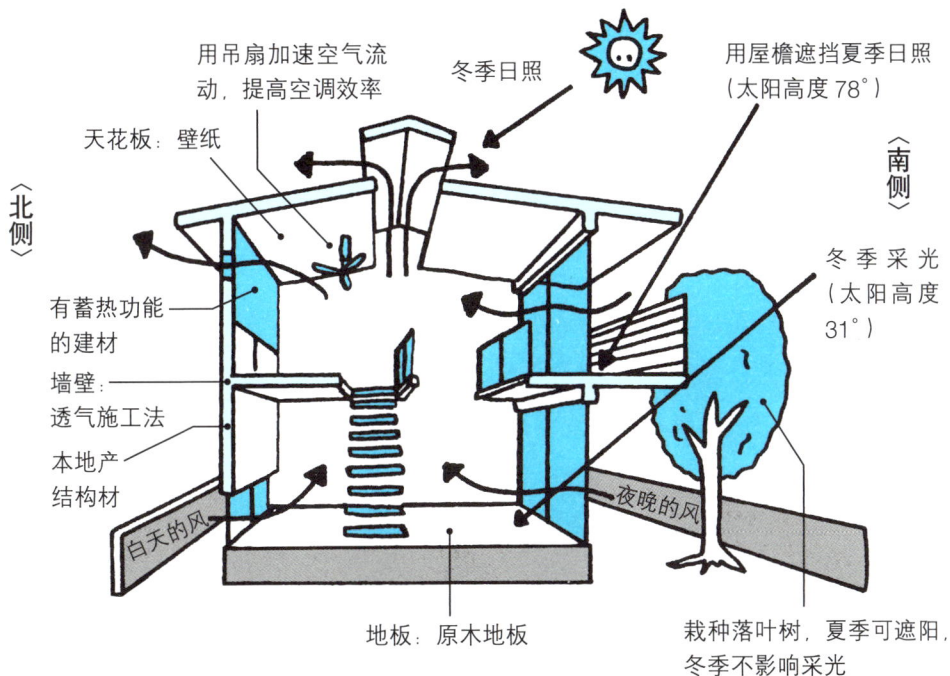

用吊扇加速空气流动，提高空调效率

冬季日照

用屋檐遮挡夏季日照（太阳高度 78°）

天花板：壁纸

〈南侧〉

〈北侧〉

冬季采光（太阳高度 31°）

有蓄热功能的建材

墙壁：透气施工法

本地产结构材

白天的风

夜晚的风

地板：原木地板

栽种落叶树，夏季可遮阳，冬季不影响采光

合理利用光、风、热能，
减少对自然环境的负担。

想要一个白色的家

让人意外的是，
这很难实现。

　　很多朋友喜欢白色的家。白色，单独使用素洁大方，搭配其他颜色也很和谐，不显突兀。想为房间的局部增添色彩时，白色是优选的配色，很有存在感。此外，白色与原木墙面或天花板是最佳组合，能营造出开阔感，清新怡人。白色兼具外放与内敛两种特质，运用时要认真思考。

　　同样是白色，也有不同的色调、质感，细微的差别可能导致整体的失败。因此，要尽量将样品带到装修现场，以确保效果。此外需要注意，过多的白色会给人冰冷的感觉。

　　使用白色，免不了有弄脏的一天。涂装外墙时，建议选用耐候性①强的涂料，可以防止老化，减少保养频率。室内的白色墙面容易留下污痕，要选择容易清洁的涂料，或者做好定期更换壁纸、粉刷墙面的心理准备。

---

①指材料抵御外界光照、风雨、寒暑等气候条件长期作用的能力。

你真的了解白色吗？

我们常说的白色，居然有这么多种

米白
接近白色，略带暖色的白。

象牙白
带有些许黄色的白。

珍珠白
带有少许灰色的白。

牡蛎白
像牡蛎肉一样偏灰的白。

雪白
像雪一样纯净的白。

不同材质呈现不同的白

均匀的白
常见于工业制品，质感均一，给人冷硬的感觉，尽量避免大面积使用。

不均匀的白
常见于天然材料，质感不均匀，给人较柔软的感觉。表面有细小的凹凸纹理，可以使光线漫反射，营造出深沉的氛围。

白色的特质

看起来整洁可爱，但是……

白色属于膨胀色，如果整个住宅的外墙都是白色，看起来要比实际大得多，有压迫感。解决方法是选择低一个亮度的象牙白。

白色的反射率高，墙壁太白会造成视觉疲劳，给人毫无生机的感觉。

白色非常有包容力

原木色的天花板、大理石地砖等，无论什么材质，搭配白色墙壁效果都不错。

如果大面积使用白色，无论点缀什么颜色，都不会显得突兀。

从容地使用白色

突出白色

以玄关为例，白色的墙壁搭配深色地砖、木制玄关门，对比鲜明，很有层次感。

造型单一的住宅，如果刷成纯白色，容易在视觉上造成膨胀感。不妨把上半部分刷成棕色等较深的颜色，看上去会漂亮很多，还能减轻视觉压迫感。

担心白墙容易脏

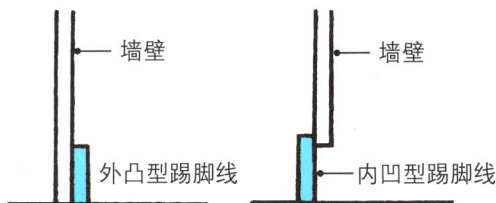

墙壁

外凸型踢脚线

墙壁

内凹型踢脚线

为白墙搭配白色踢脚线时，可以将踢脚线改成内凹型，看上去更整洁，也不易脏污。

五分亮的涂料

开关周围的白色墙面特别容易脏，不妨刷上易于清洁的五分亮的涂料。

白色和多种材质、颜色都很搭配，
但使用过多会显得冰冷。
注意平衡，才能运用得当。

想要一个有暖炉的家

其实大家都喜欢玩火。

在现代生活中，明火已经很少见了。在家中建一个暖炉，重现摇曳的火苗、柴火爆裂的噼啪声、燃烧时特有的烟熏味，让心沉静下来，生活会变得更加宽广。不同于取暖机通过按钮就可以开关或者调节温度，暖炉需要根据燃烧的情况增减柴火，使用时必须眼到、心到、手到，用后还要清理灰烬。也许你会觉得麻烦，但只要体验过一次，就会明白亲手获取温暖的快乐。火苗一点一点温暖周围的空间，这是空调无法比拟的。而且，凝望火苗能让人身心放松。

然而，仅仅因为憧憬而安装暖炉，最终闲置，这样的家庭也不少。为了避免这种情况，必须客观地评估自己的生活方式和意愿。只有在享受温暖的同时，也能接受暖炉带来的烦琐，这样的家庭才能真正地将暖炉融入生活。

给想安装暖炉的家庭的小贴士

憧憬有暖炉的生活，仅凭想象就可以了吗？暖炉毕竟不是按一下开关就能取暖的设备，还有很多需要考虑的细节。一定要提前了解相关知识。

暖炉不仅能温暖你的身体，还能温暖你的心

- 人们喜欢围在炉火周围。
- 可以营造一家人在一起的亲密氛围，给人安心感。
- 自己动手生火取暖，更有成就感。
- 安装时巧妙地与土间等空间结合，住宅的格局会更有特点。

有点费时费力

- 要想温暖整个家，点火后至少需要 2 ~ 3 小时。
- 常常会忘记留出放柴火的空间。
- 如果安装在 2 层，1 层感觉不到温暖。
- 如果没有 24 小时换气设备，安装暖炉的位置又不合理，可能造成烟雾逆流。

善用暖炉

适合使用暖炉的人群

愿意将暖炉作为主要取暖设备的人。如果抱着好玩的心态偶尔使用，用不了太久。

平时能够细心养护炉具的人。长久不清理会造成暖炉故障。

委托专业人士定期维护

烟囱里可能附着煤灰，有些零部件也容易老化，建议委托专业人士维护保养，根据使用情况，频率为一年一次或几年一次。

如果有辅助取暖设备就更理想了

用暖炉，从点火到温暖整个空间需要很长时间。建议增加一台辅助取暖设备，比如电暖气或空调等，可以让整个空间更快地暖和起来。

把暖炉看作住宅的"肚脐"

在规划格局的阶段就应该考虑暖炉的位置。是否利用暖炉来放松、烹饪，都会影响暖炉的位置。结合自己的情况仔细规划，一定能打造出充满个性的格局。

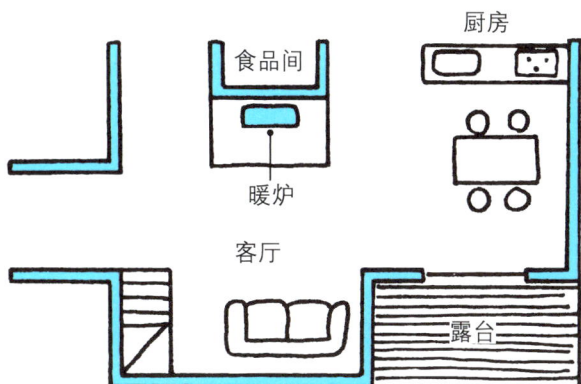

位于 LDK 的中间

在 LDK 等宽敞的空间，暖炉会成为空间的重心，给人安心感。冬天，暖炉会自然而然地把家人聚在一起。

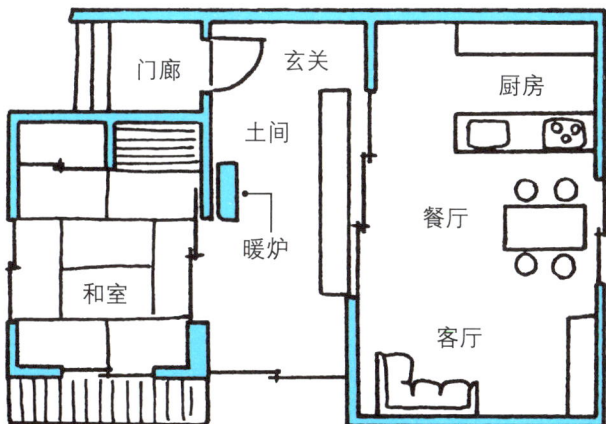

与土间组合

扩大玄关，辟出一个土间，安装暖炉。与之相连的和室、LDK 都会暖和起来。还可以避免清理炉灰时弄脏地板。建议土间铺设有蓄热性的地板，熄火后也可以长时间保暖。

明亮的火苗不仅能温暖生活空间，
还能让全家人聚在一起，增进感情。

想要一栋三层木造住宅

房体必须有足够
的承重能力。

如今，在地价昂贵的日本大城市，三层的木造住宅并不罕见。想在有限的建地上尽量增加使用面积，增加楼层的确是有效的手段。日本法律曾规定，三层及以上的城市建筑必须采用钢筋混凝土或钢架构造，但现在只要满足一定的条件，三层木造建筑也能获得许可，可以省下不少成本。

不过，三层木造住宅需要仔细规划，否则容易导致生活不便。三层楼中的每一层都有不同的功能，每个房间的独立性增强了，家人之间的沟通却变得不方便了。因此，客厅等家人共享的空间设置在哪一层，是格局成功与否的关键。此外，为了加固整个房体，较低的楼层需要更多的承重墙，窗户的面积会减少。设计格局时，这些因素都需要纳入考虑。

整体平衡是关键

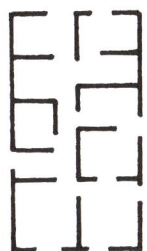
1层

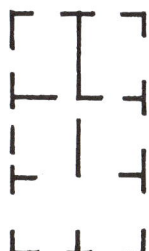
2层

3层

狭长型住宅必须有更坚实的构造

1层 = 多面承重墙，内部必须有支撑结构加固。

2层 = 与1层的梁柱对齐，便于打造开阔的空间。

3层 = 可以设计宽大的窗户。

"个子"高，所以外观要稳重、端庄

建筑外形比较高挑，对视觉平衡感的要求更高。同时，对抗震性的要求也更高。1层要增加承重墙，窗户要减少、变小，并且要注意与2层、3层的窗户均衡分布。

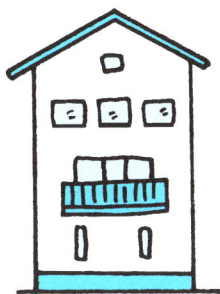

视觉上不统一。

上下层的柱子要对齐。

1层窗户太多，承重墙太少。

上下楼层的温差更大

空气对流，暖空气往上走，1层会变冷。加上1层采光不足，就更冷了。必须考虑安装取暖设备，或者利用吊扇、上层换气扇等减小温差。

LDK 的设计方案影响生活方式

卧室　厕所

LDK

浴室　洗漱间　厕所

去1层、3层很方便。

生活的中心就是家的中心

将 LDK 放在 2 层，生活的中心就在 2 层。从 1 层或 3 层来去 2 层很方便，家人之间的沟通也比较顺畅。

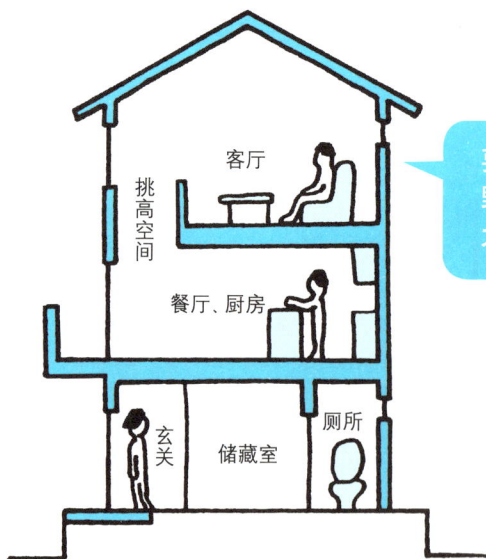

客厅

挑高空间

餐厅、厨房

玄关　储藏室　厕所

要充分利用 3 层开阔的视野，好好欣赏风景，不然太可惜了。

将客厅设在视野较好的 3 层

如果从 3 层可以看到风景，不妨把客厅设在 3 层。3 层承重墙少一些也没关系，可以有大大的窗户、高高的天花板，总之，3 层的限制较少，不妨打造成一个开阔、舒适的空间。

让空间富有变化

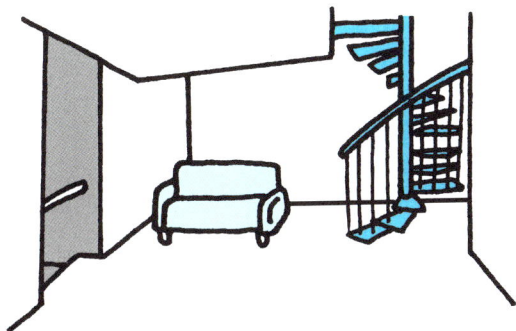

让楼梯富有变化

在3层住宅中生活，经常要爬上爬下，楼梯不能太单调。比如，将1层、2层之间的楼梯设计成直线形，2层、3层之间的楼梯设计成螺旋形，通过这些变化为生活增添乐趣。

开天窗，让阳光照到1层

为了让采光更充足，可以在3层的屋顶开一扇天窗，阳光经由2层、3层的挑高空间，直接照射到1层。天窗正下方的阳光中庭，可以栽种植物、摆设造景石，打造庭院风光。

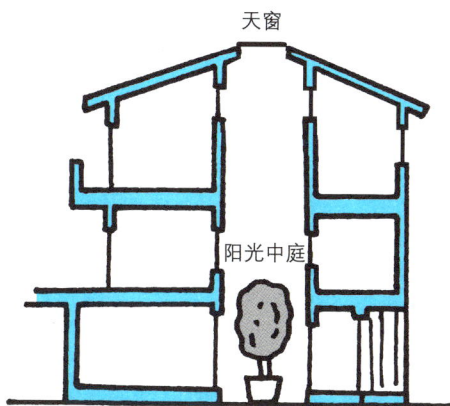

天窗

阳光中庭

3层的住宅在抗震性、
增进家人沟通方面，需要下更多功夫。

图书在版编目（CIP）数据

设计你的家就是设计生活 ／（日）佐川旭著；邹艳
苗译. —— 海口：南海出版公司，2019.4
ISBN 978-7-5442-6645-1

Ⅰ. ①设… Ⅱ. ①佐… ②邹… Ⅲ. ①住宅－建筑设
计－普及读物 Ⅳ. ① TU241-49

中国版本图书馆 CIP 数据核字（2018）第 287676 号

著作权合同登记号　图字：30-2018-072

THE PHILOSOPHY OF HOME & LIFE
© AKIRA SAGAWA 2015
Originally published in Japan in 2015 by X-Knowledge Co., Ltd.
Chinese (in simplified character only) translation rights arranged with X-Knowledge Co., Ltd.
All rights reserved.

设计你的家就是设计生活
〔日〕佐川旭 著
邹艳苗 译

出　　版　南海出版公司　（0898）66568511
　　　　　海口市海秀中路51号星华大厦五楼　　邮编 570206
发　　行　新经典发行有限公司
　　　　　电话(010)68423599　　邮箱 editor@readinglife.com
经　　销　新华书店

责任编辑　崔莲花　郭　婷
装帧设计　李照祥
内文制作　博远文化

印　　刷　北京天宇万达印刷有限公司
开　　本　700毫米×990毫米　1/16
印　　张　10
字　　数　90千
版　　次　2019年4月第1版
印　　次　2019年4月第1次印刷
书　　号　ISBN 978-7-5442-6645-1
定　　价　58.00元

THE PHILOSOPHY OF
HOME & LIFE